DOC' EN POCHE

La mer, nouvel eldorado ?

Cyrille P. Coutansais
directeur de recherche
du Centre d'études stratégiques de la Marine

Claire de Marignan
Camille Bega
Quentin Chanal
Camille Morel
Alexia Pognonec
Bernard Richelet
Vincent Themelin

membres du pôle recherche
et édition du CESM

La documentation Française

DOC EN POCHE
PLACE AU DÉBAT

Responsable de la collection
Isabelle Flahault

Titre dirigé par
Clément Drouin

Secrétariat de rédaction
Martine Paradis

Conception graphique
Sandra Lumbroso
Bernard Vaneville

Mise en page
Dominique Sauvage

Édition
Dagmar Rolf

Promotion
Stéphanie Pin

Remerciements des auteurs

Nous tenons à remercier tout particulièrement Patrick Gau
sans qui les cartes et infographies de ce livre n'auraient pu voir le jour.

Avertissement au lecteur

Les opinions exprimées n'engagent que leurs auteurs.
Ces textes ne peuvent être reproduits sans autorisation.

Celle-ci doit être demandée à :

Direction de l'information légale et administrative

26, rue Desaix
75727 Paris cedex 15

ISBN : 978-2-11-145405-7

Sommaire

Préface

L'équipe de France du maritime se met en marche vers l'eldorado…

Dans un rapport publié par l'OCDE en avril 2016, on peut lire que l'économie maritime, incluant tous les domaines d'activité liés à la mer, aura doublé d'ici 15 ans, passant de 1 500 milliards de dollars par an aujourd'hui à 3 000 milliards de dollars en 2030. Ainsi, et le constat est connu depuis plusieurs années, l'économie maritime mondiale constituera l'un des grands moteurs de croissance et l'opportunité d'un vrai développement durable : c'est la croissance bleue !

Pour s'en convaincre, il suffit de regarder autour de nous sur la planète. De nombreux pays riverains de l'océan, conscients des enjeux du développement de l'économie maritime, ont défini des politiques maritimes ambitieuses. Des organisations spécifiques et des investissements considérables y sont consacrés.

Et la France dans tout ça ? Au fil des pages, vous découvrirez tous les atouts de notre pays, et quand vous refermerez cet ouvrage, vous saurez que la France est un grand pays maritime qui s'ignore.

Par sa géographie, ses outre-mer, son histoire, ses femmes et ses hommes, notre pays ne doit pas manquer le rendez-vous de la maritimisation du monde.

Car nous possédons tous les atouts pour y parvenir. Nous avons vingt raisons de réussir à doubler notre économie maritime et ses emplois d'ici 2030 : c'est ce que le Cluster maritime appelle « le facteur 20 ».

L'économie maritime française est constituée de cinq filières traditionnelles (transport, construction, pêche, énergie et communications) et de cinq filières en développement (aquaculture, énergie marine, bioressources, minerais, croisière). Elles vous sont présentées ici. Mais pour atteindre l'objectif du doublement à l'horizon 2030, ces dix filières devront utiliser le dynamisme des huit secteurs d'excellence français, transverses à l'ensemble de l'économie : environnement, infrastructures, numérique, formation, services, espaces, sûreté et innovation. Elles devront enfin s'appuyer sur deux atouts maîtres : notre zone économique exclusive (la deuxième au monde) et nos dix entreprises maritimes, leaders mondiales dans leur domaine.

Voilà les cartes que nous avons en main, pour atteindre notre objectif : doubler l'économie maritime française en 2030.

Pour y parvenir, seule une forte mobilisation des énergies et des compétences sera la clé du succès. Et la mobilisation a commencé !

Au début de l'année 2017, sous l'impulsion du plus haut niveau politique, l'équipe de France du maritime s'est constituée, le « Comité France maritime » est né.

Coprésidé par le secrétaire général de la Mer (haut fonctionnaire placé sous l'autorité directe du Premier ministre et chargé de la coordination de la politique maritime) et le président du Cluster maritime français, ce « Comité France maritime », structure publique/privée très innovante, constitue un outil opérationnel au service de la croissance bleue française, ainsi que l'a confirmé dans son programme Emmanuel Macron, alors candidat à la présidence de la République : « Nous renforcerons le travail public-privé entrepris lors du précédent quinquennat autour du Comité France maritime… ».

Mais, il nous faut aller encore plus loin. Ensemble, nous devons porter l'ambition d'une France maritime rayonnante sachant concilier les deux mots « développement » et « durable », pour une croissance bleue au service des générations futures.

Je vous souhaite une excellente croisière au fil des pages qui suivent.

Frédéric Moncany de Saint-Aignan,
président du Cluster maritime français

Préambule

Alimentation, ameublement, locomotion, mails, achats en ligne : l'ensemble de notre quotidien est teinté d'embruns. Les porte-conteneurs fournissent nos supermarchés et nos usines quand les câbles sous-marins véhiculent nos données numériques : ce sont les deux piliers de la globalisation. Mais la mer est plus encore : une réserve de minerais, de nourriture, une source d'énergie. Reste à concrétiser ces possibles : c'est en cela qu'elle revêt aujourd'hui des atours d'eldorado.

Au cœur de la mondialisation

Si la mer est aujourd'hui perçue comme un nouvel eldorado, une nouvelle frontière, cette représentation se teinte d'une part d'irrationnel : encore en bonne partie méconnus, les océans nourrissent un imaginaire riche, propre à séduire un être humain en quête d'aventures, de découvertes, mais pensant avoir « fait le tour » des terres émergées. L'explosion du marché de la croisière y trouve sa source : on espère s'inscrire dans le sillage d'Ulysse, revivre les grandes épopées des paquebots de légende, se nimber d'un zeste d'aventure. Mais cette attirance pour « la grande bleue » n'est pas que subjective et s'arrime aussi sur des éléments beaucoup plus objectifs, au premier rang desquels se trouve la globalisation. Celle-ci n'est pas née d'hier, ni même d'avant-hier comme on se plaît trop souvent à le croire, mais est le fruit du temps long et d'épopées maritimes sans lesquelles notre monde n'aurait pas le même visage. Car il s'est agi tout d'abord de relier les différentes parties du monde entre elles, de les « connecter », labeur plurimillénaire auquel ont participé aussi bien les Polynésiens pour le Pacifique que la civilisation arabo-musulmane pour l'océan Indien ou les Phéniciens pour la Méditerranée. Puis viendront les Européens et le temps des « Grandes Découvertes ». Il faut se replacer aux débuts de cette aventure, embarquer d'une certaine manière avec ces hommes pour réaliser la portée de ces périples maritimes : en une petite trentaine d'années, Vasco de Gama, Colomb et Magellan précisent le contour des continents, en découvrent d'autres, remodèlent en somme la vision de notre Terre. Pas de hasard ensuite si les Européens tirent profit de ces odyssées : les Pays-Bas déploient le capitalisme à l'échelle du monde, jouant avec virtuosité entre les marchés chinois, indien ou américain et le Royaume-Uni engage la deuxième phase de la globalisation – celle de la révolution industrielle – grâce à la navigation à vapeur, qui offre une régularité au transport maritime, et le câble télégraphique, qui assure une circulation de l'information incomparablement plus rapide.

Mais nous étions somme toute dans un schéma classique d'importation de matières premières destinées à assurer l'expansion des pays industrialisés, nos « Trente Glorieuses » s'inscrivant encore dans ce modèle. Aujourd'hui, le porte-conteneurs et les câbles sous-marins – fondations de notre Internet – marquent une rupture essentielle. Ils nous font entrer dans une structure productive qui n'est plus ancrée dans un territoire unique mais dispersée aux quatre coins du monde. La massification du transport maritime et son corollaire, le contrôle à distance de la production, constituent les fondements matériels de la globalisation actuelle : sans eux, les dérégulations, libertés de circulation des marchandises et des capitaux n'auraient produit aucun effet. Les perceptions mentales ayant toujours du retard par rapport aux évolutions de la civilisation matérielle, nous commençons tout juste à admettre que nous n'importons pas des produits *fabriqués* en Chine mais *assemblés*, ce qui change tout. Car le grand jeu du capitalisme global n'est de nos jours pas tant une affaire de coût du travail que de logistique, de flux. Et c'est en cela que la mer est considérée comme un nouvel eldorado : les nations les mieux connectées, celles qui sont en mesure de relier leur arrière-pays, leur *hinterland*, de façon optimale à des ports capables d'accueillir des porte-conteneurs de plus en plus importants, sont les gagnantes de ce nouvel ordre du monde. La France de ce point de vue n'a pas su optimiser les atouts considérables que lui offraient les ports du Havre et de Marseille, naturellement tournés vers l'intérieur grâce à la Seine et au Rhône : en Europe, l'Allemagne et les Pays-Bas sont les grands vainqueurs de cette redistribution des cartes.

Tensions et convoitises

Reste que cette nouvelle structure productive n'est pas sans fragilité et explique pour une bonne part la course à l'armement naval qui occupe l'ensemble des continents, exception faite de notre vieille Europe où l'on s'en tient, au mieux, à maintenir les moyens. Cette production segmentée, dispersée entre une multitude de pays, suppose en effet des flux maritimes *optimum*, sans interruption. L'iPhone en est un exemple éclairant : constitué de plus d'un millier de composants – puces franco-italiennes, écran coréen, batterie chinoise, processeur américain, etc. –, son assemblage comme sa livraison ne peuvent supporter le moindre retard, le moindre achoppement dans le trafic maritime. Ces derniers peuvent pourtant revêtir de multiples aspects, allant du vol de marchandises à quai – le brigandage – au détournement de navires. C'est l'autre face de la globalisation, son visage sombre : contrebande, piraterie, trafics en tous genres – de drogue comme d'êtres humains – s'épanouissent dans les interstices de la réglementation mondiale. C'est pour assurer la sécurité de ces flux, lutter contre ces menaces que les marines se développent : la rançon de la dépendance à la mer en quelque sorte mais aussi le moyen de compter dans la vaste arène du monde, de s'imposer comme une puissance de premier plan. Les sous-marins nucléaires lanceurs d'engins (SNLE) assurent une crédibilité optimale à la dissuasion nucléaire tandis que les capacités de frappes contre la terre se trouvent démultipliées par l'allonge de l'aéronavale, les missiles de croisière navals : l'ensemble de la surface terrestre est à leur portée, à l'exception peut-être de quelques yourtes mongoles... Les derniers conflits impliquant des marines de premier plan ont tous souligné cette bascule : quand les États-Unis s'engagent en Irak, en 1991 comme en 2003, les Tomahawks (missiles de croisière à longue portée) sont de la partie et lorsque la Russie fait de même en Syrie, son entrée en guerre est marquée par le tir d'un Kalibr-NK en provenance de la mer Caspienne. Entrer en premier dans un conflit suppose de disposer de l'ensemble de cet éventail de moyens et incite à développer et moderniser des forces navales qui permettent également de s'assurer le contrôle de ressources de plus en plus convoitées.

Une mine de ressources encore inexploitées ?

Car si la mer apparaît comme un nouvel eldorado, c'est aussi de ce point de vue. Il semble loin le temps où les hommes ne tiraient des océans que les seules ressources halieutiques (faune et flore marines) : pétrole et gaz s'y sont depuis ajoutés, des éoliennes ont fleuri sur les côtes, et les ressources minérales reposant sur les grands fonds semblent à portée de main. Mais, là encore, le rationnel et l'irrationnel se mêlent. Faune et flore appartiennent sans conteste à la première catégorie. Elles semblent en mesure de contribuer à relever le défi de nourrir une population mondiale de près de 10 milliards d'êtres humains en 2050 contre 7,6 aujourd'hui si l'on suit les études de l'Organisation des Nations unies pour l'alimentation et l'agriculture (FAO) qui insistent sur l'importance de l'aquaculture. Là encore, nos mentalités ont un temps de retard sur cette révolution silencieuse : la production aquacole mondiale a dépassé aujourd'hui celle de la filière bovine et l'essentiel du poisson consommé dans le monde provient de l'élevage... Envisager la mer comme la solution à tous nos maux terrestres relève toutefois davantage du rêve que de la réalité. On en comprend bien les motifs : il s'agit de trouver les succédanés indispensables pour continuer de répondre aux besoins de nos sociétés développées comme de tous les pays qui aspirent à partager nos modes de vie. Car du point de vue des ressources terrestres, nous sommes en « surchauffe » : en 2017, nous consommons en seulement sept mois tout ce que la Terre est capable de produire en une année. Au début des années 1960, les trois quarts de ces ressources couvraient nos besoins pour un an. En clair, nous ponctionnons le capital au lieu de nous limiter aux dividendes. À ce rythme, il faudra deux planètes Terre pour assurer un mode de vie « à l'occidentale » à l'ensemble de la population mondiale en 2030. Les solutions sont connues et passent majoritairement par une réduction de l'empreinte carbone et un développement plus durable. Et c'est dans cette perspective que la mer attire : son potentiel énergétique semble immense – 20000 TWh selon l'Agence internationale de l'énergie pour une consommation électrique mondiale de 24 000 TWh – et ses ressources minérales pourraient assurer le relais de réserves terrestres qui se raréfient. Mais nous entrons ici dans le prospectif. Les énergies marines renouvelables ont de fait un potentiel considérable, or, hormis les éoliennes *offshore*, elles peinent aujourd'hui à concrétiser les espoirs qu'elles suscitent et supposeront, en tout état de cause, une restructuration d'ensemble du réseau électrique pour gérer leur intermittence et résoudre l'éternelle problématique du stockage. Concernant les ressources minérales, les espoirs soulevés dans les années 1970-1980 et les déceptions qui en découlèrent incitent à la prudence. Les capacités techniques ont certes progressé de façon considérable, le besoin est là, mais l'horizon de leur exploitation demeure flou d'autant qu'un nouveau paramètre est désormais à prendre en compte : le développement durable.

C'est là une rupture essentielle. Les années 1970-1980 sont celles des prémices de la connaissance des océans, des premières découvertes des écosystèmes des grandes profondeurs – la plongée de l'*Alvin* qui met au jour une vie foisonnante près des fumeurs noirs (sources hydrothermales rejetant de l'eau à plus de 350°C) date de 1977 – mais aussi celles où un ensemble hétéroclite de déchets y était déversé et où leurs ressources étaient ponctionnées à foison. On les considérait alors comme invulnérables quand on les sait aujourd'hui fragiles : les conséquences de la surpêche sont bien documentées, la problématique des océans de plastique est connue tout comme l'effet du réchauffement climatique. C'est la raison pour laquelle se fait jour la nécessité d'une gouvernance nouvelle, plus globale quand elle est aujourd'hui sectorielle. C'est le défi qui nous attend pour faire en sorte que la mer demeure ce qu'elle a toujours été : un eldorado, une matrice à rêves, à espérances.

Cyrille P. Coutansais,
directeur de recherche du CESM

Chapitre 1

L'invitation au voyage

Claire de Marignan

Le rapport des hommes à la mer – entre terreur et fascination – a longtemps freiné le développement d'activités ludiques sur le littoral. Ce n'est au fond que par le biais des soins, via les cures thermales, qu'un nouveau rapport aux océans s'est construit, dans lequel la quête de loisirs et de repos a pris une place de plus en plus importante. Réservés à une élite aristocratique, le tourisme balnéaire et la croisière se sont très fortement démocratisés depuis l'avènement des congés payés au point de constituer aujourd'hui deux piliers de l'économie maritime.

Des cures thermales aux bains de mer

C'est à l'Antiquité que remontent les premiers thermes, lieux quotidiens de convivialité, de détente et de rencontre intellectuelle, où se retrouvent toutes les classes de la société. S'ils ne parlent pas encore de cure, les Romains, et avant eux les Grecs, sont conscients des bienfaits thérapeutiques de certaines eaux. Délaissés plusieurs siècles durant, les thermes renaissent aux alentours du XVIe siècle pour une clientèle plus restreinte. Plutôt que quelques heures quotidiennes, on y passe désormais de véritables séjours qui peuvent durer plusieurs mois, en quête de repos et de soins. En effet, dès 1580, le roi de France Henri III demande la restauration de plusieurs bains, notamment ceux de Bourbon-Lancy, afin que son épouse, Louise de Lorraine, vienne y séjourner et que les vertus des eaux leur permettent d'avoir enfin un héritier… Les cures thermales sont nées.

Mais c'est au XIXe siècle qu'elles deviennent une véritable destination touristique. La haute société vient régulièrement s'y détendre pour quelques jours ou quelques semaines. Ces stations thermales, d'abord principalement situées en montagne, se développent rapidement en bord de mer et deviennent les lieux incontournables du soin, du luxe et du confort, fascinant les moins aisés, qui eux, n'ont ni le temps, ni l'argent pour en profiter… Et l'imaginaire collectif s'emballe lorsque le 3 août 1824, à Dieppe, la jeune Caroline de Naples, duchesse de Berry, ose, et c'est une première, prendre un « bain à la lame » dans la mer. Cette méthode, couramment utilisée lors de pèlerinages ou de cures, consiste à se faire plonger rapidement et à plusieurs reprises dans l'eau par des maîtres-baigneurs. La foule des badauds s'agglutine pour tenter d'apercevoir l'extravagante Napolitaine se baigner dans les eaux de la Manche.

Il n'en faudra pas plus… La mode est lancée ! Les stations balnéaires voient alors le jour. Des personnalités politiques, des artistes en vogue ou de richissimes industriels s'y croisent. On se rend à Trouville, à Nice, à Biarritz ou encore à Dinard pour voir du beau monde, mais surtout pour se faire voir. On vient passer quelque temps au bord de la mer, on se baigne – évidemment tout habillé, la pudeur de l'époque ne saurait souffrir la moindre nudité –, on se repose, on se détend, on profite des beaux jours. En France, de nombreuses villes se développent grâce à ce tourisme naissant : en novembre 1853, les fonctionnaires sont les premiers à bénéficier de congés payés ; ils peuvent ainsi profiter, au même titre que les membres de la haute société, des joies du bord de mer. Les progrès des routes et des chemins de fer accentuent le mouvement au point de transformer certaines villes en stations balnéaires à l'année. Ainsi naît la ville d'hiver d'Arcachon : voulant redynamiser leur Compagnie du Midi, alors en mal de voyageurs durant la saison froide, les frères Pereire édifient, sur les hauteurs d'une station balnéaire déjà réputée, des sanatoriums et des villas particulières pour les phtisiques venant chercher le bon air marin pendant les mois d'hiver. Dans ces stations, tout est conçu pour inciter les touristes à des séjours de longue durée. Des casinos, des hôtels, des villas, des terrains de golf, des hippodromes, et autres lieux consacrés aux plaisirs, aux jeux et à la rencontre sont construits pour permettre aux vacanciers de retrouver les fastes de la « vie parisienne », chère à Offenbach, en bord de mer. Le duc de Morny vivra des amours tumultueuses à Deauville, lieu de villégiature particulièrement prisé dont il est à l'origine, quand Napoléon III et l'impératrice profiteront du soleil de Biarritz à la villa Eugénie. De la Normandie aux plages des Landes, sans oublier les côtes méditerranéennes, les stations balnéaires se multiplient.

Mais dès l'aube du XXe siècle, cela ne suffit plus et l'on s'aventure un peu plus au large, toujours dans une optique de détente et de loisir. Des petits voiliers de luxe, des yachts voient le jour, on longe les côtes de certaines îles paradisiaques de la Méditerranée, on s'exerce à la plongée sous-marine... En juin 1936, les congés payés sont étendus à l'ensemble de la population active : c'est une révolution qui marque la naissance du tourisme de masse. Les plages sont prises d'assaut grâce au « billet populaire de congé annuel » qui permet de prendre le train avec 60 % de réduction si l'on voyage au-delà de 200 km...

L'appel du littoral

Il s'agit d'une véritable rupture. Désormais, la société tout entière est concernée par ce phénomène de vacances. Ces quinze jours de congés payés, fraîchement accordés, permettent ainsi à près de 600 000 employés de partir dès la première année, parfois pour un simple aller-retour dans l'unique but de voir la mer ; ils seront 1,8 million dès 1937. Les destinations ont beau être variées, c'est le littoral marin qui est souvent privilégié : près d'un tiers des vacanciers optent ainsi pour les côtes méditerranéennes. Les vacances se développent comme un nouvel art de vivre, et des mondes que les classes sociales séparaient jusqu'alors se côtoient à présent davantage le long des plages. Toutefois, les infrastructures doivent s'adapter à cette arrivée massive : il faut désormais loger une tout autre clientèle, plus variée et nettement plus nombreuse. On bâtit de grands édifices hôteliers et l'on adapte également les voies de communication à une circulation de plus en plus dense sur les routes. Dès la fin de la Seconde Guerre mondiale, des chantiers colossaux sont entrepris, allant du bétonnage du littoral sur plusieurs kilomètres à l'édification de logements pour des dizaines de milliers de vacanciers. Les villes s'étalent et les lotissements sortent de terre. Grâce à l'essor de nouveaux matériaux de construction, comme le béton armé, les plans d'aménagement évoluent en fonction des nouveaux modes de vie. Ce sont des villes entières qui doivent s'adapter à ces fluctuations de population tout au long de l'année. Aujourd'hui encore, le littoral de Saint-Jean-de-Monts ou celui de La Baule témoignent de cette ruée en masse vers la mer…

Si les congés sont désormais payés, tout le monde ne peut pas s'offrir de villa ou d'hôtel sur le front de mer. Le camping, pratique relativement ancienne, connaît alors un essor considérable. Terrain mis à disposition par des propriétaires de terres au bord de la mer, il permet de profiter du littoral à moindre coût car chacun s'installe avec son propre « logement » – tente ou caravane. Mais victimes de leur succès, ces terrains ne parviennent plus, dès les années 1960, à accueillir la masse de vacanciers qui affluent à l'arrivée des beaux jours. D'autant plus qu'en février 1959, un décret vient limiter le camping sauvage pour des questions de salubrité et de sécurité publiques. Les concessions de terrains se multiplient et certains campeurs achètent des parcelles privées afin de s'assurer un emplacement d'une année sur l'autre.

Afin de s'adapter à leur clientèle, les campings élargissent peu à peu leur offre et proposent des *mobile homes*, littéralement « maisons mobiles », pour les estivants qui souhaitent loger « en dur » mais à prix raisonnable. C'est ainsi que se développent petit à petit les villages vacances. Bungalows, *mobile homes* et autres chalets prennent de plus en plus de place sur les terrains et sont appréciés pour leur confort pratique et ingénieux. L'hôtellerie de plein air est alors en plein essor : les campings s'équipent de piscines, de restaurants, de minigolfs, et proposent des prestations d'animation, soirées à thème et activités variées. Des tendances nouvelles se développent au fil des années, et aujourd'hui les hébergements insolites – cabanes dans les arbres, maisons sur pilotis, tipis ou yourtes aménagés – sont devenus incontournables.

Effectivement, si auparavant le but était de partir uniquement pour profiter du bord de mer, nous voyons aujourd'hui naître un tourisme plus élitiste, soucieux de l'environnement, ayant un goût particulier pour l'atypisme. Les vacances en bord de mer ne se limitent plus au *farniente* : on cherche davantage à le mêler à des occupations originales, alliant loisir et repos. Les activités en solitaire ou en groupe très réduit sont désormais répandues : plongée à la découverte de la faune et la flore sous-marines, surf, planche à voile, escapades en kayak… autant de loisirs qui ont encore de beaux jours devant eux. Car le secteur est un véritable vivier d'emplois et de développement local : d'après l'Insee, la moitié des métiers de l'économie maritime française sont pourvus par le tourisme littoral.

L'évolution des moyens de transport internationaux tout au long du XXe siècle a également permis à ce nouveau mode de tourisme de se développer. Mais l'attrait exercé par la mer un siècle plus tôt, son exotisme et son originalité, se sont quelque peu teintés de désenchantement : d'une part trop de vacanciers sur les plages et sur les routes, des prix qui flambent dans chaque lieu touristique, et d'autre part le monde entier qui offre des opportunités accessibles. Désormais, des séjours parfois entièrement pris en charge par des agences de voyages permettent aux touristes de profiter de la mer, loin de leur pays certes, souvent dans des villages vacances du type « Club Med ». Les distances s'étant raccourcies grâce au développement des lignes à grande vitesse, aux autoroutes ou à la démocratisation de l'avion, on cherche à partir de plus en plus loin pour trouver le coin de paradis qui fait oublier un temps les tracas de la vie citadine. Et là encore la mer s'avère une destination de choix…

L'épopée des croisières

On pourrait dater les premières croisières – soit des voyages essentiellement récréatifs effectués en bateau – du XVIIIe siècle et du « Grand Tour », ce périple initiatique effectué par la jeunesse aristocratique britannique, française, mais aussi allemande, néerlandaise ou encore polonaise, ayant pour but de parfaire son éducation intellectuelle, culturelle, artistique en sillonnant les différents pays d'Europe. Sur des navires de luxe, l'aristocratie européenne navigue ainsi d'île en île, de côte en côte : de Venise à Athènes, de Malte à Madère… Autant de lieux qui, aujourd'hui encore, fascinent les croisiéristes. Mais c'est véritablement en 1844 qu'a lieu la première croisière d'agrément : 53 passagers de première et seconde classes embarquent à bord d'un luxueux trois-mâts à vapeur, l'*Iberia*, pour une traversée Londres-Le Caire. Le secteur commence petit à petit à se développer. Le Britannique Thomas Cook se lance ainsi dans l'organisation de voyages de groupes à travers toute l'Europe et, un demi-siècle plus tard, Albert Ballin, futur directeur de la compagnie allemande Hapag, développe la croisière le long des côtes méditerranéennes en hiver. Alors responsable du service Passagers, il souhaite pallier la baisse des réservations sur les lignes transatlantiques en raison d'une mer trop incertaine à cette période de l'année. L'*Auguste Viktoria*, transportant 241 passagers, parcourt ainsi la Méditerranée du 22 janvier au 22 mars 1891. Le succès est immédiat et les autres compagnies ne tardent pas à se lancer dans cette nouvelle forme de tourisme. Si l'entreprise d'outre-Rhin compte toujours parmi les géants du transport maritime – elle est aujourd'hui le cinquième armateur de porte-conteneurs au monde –, la compagnie d'outre-Manche est restée, elle, une célèbre agence de voyages.

La tragédie du *Titanic*

Avril 1912, le paquebot appareille de Southampton *via* Queenstown (aujourd'hui Cobh, en Irlande) pour rejoindre New York. Il est alors le plus grand et le plus luxueux navire jamais construit. À son bord, en troisième classe, de nombreux Irlandais, Italiens, Allemands et autres Européens, partent chercher en Amérique un peu de rêve et un avenir moins miséreux. En première classe ? Que du « beau monde » : de riches industriels, des personnalités politiques, des membres de l'aristocratie... Eux ne sont à bord que pour le navire lui-même, pour son faste, son luxe, son prestige, son caractère innovant... Déjà à l'époque, il est mythique ! Mais son voyage inaugural sera stoppé net au large de Terre-Neuve, quand, à 23h40 le 14 avril, il heurte un iceberg à tribord. Moins de trois heures plus tard, il sombre dans les eaux de l'Atlantique nord, emportant avec lui plus de 1 500 passagers. Malgré le drame qui secoue l'industrie de la croisière, alors en pleine expansion, la légende naît, se développe et s'installe, exploitant l'histoire plus ou moins exemplaire de certains passagers. Ainsi, le magnat du cuivre, Benjamin Guggenheim, après s'être assuré que sa maîtresse était bien à bord d'un canot, s'est vêtu de ses plus beaux atours avec son majordome, afin d'« être prêt à mourir comme un gentleman » ; ou encore les membres de l'orchestre du paquebot, qui gagneront leurs lettres de noblesse en jouant sur le pont de navire alors que celui-ci coule, afin d'éviter les mouvements de panique. Les huit musiciens, tout comme le richissime industriel, périront dans le naufrage, développant autour d'eux une sorte d'aura, de mythe… Singulier contraste avec le directeur de la compagnie, Bruce Ismay, qui, après s'être vanté des qualités insubmersibles du *Titanic*, jugera plus prudent de profiter des canots, au milieu des femmes et des enfants, plutôt que de rester à bord… Autant de faits que n'oubliera pas de rappeler James Cameron dans son film éponyme aux 11 Oscars… Cette œuvre cinématographique a d'ailleurs entraîné un regain d'intérêt notable pour cet événement tragique et participe de l'engouement actuel pour la croisière.

Luxe, calme et volupté…

La croisière devient peu à peu un marché en soi, tandis que le simple transport de passagers par voie maritime disparaît dans les années 1960 avec l'avènement de l'avion à réaction pour les vols moyen et long courriers. La traversée de l'Atlantique se fait désormais en quelques heures et non en plusieurs jours, voire semaines. Les compagnies repensent alors totalement leurs offres : la croisière se vend désormais comme un plaisir à part entière ; on oriente davantage les navires

Les principales destinations des croisiéristes
(% de la capacité déployée en 2015)

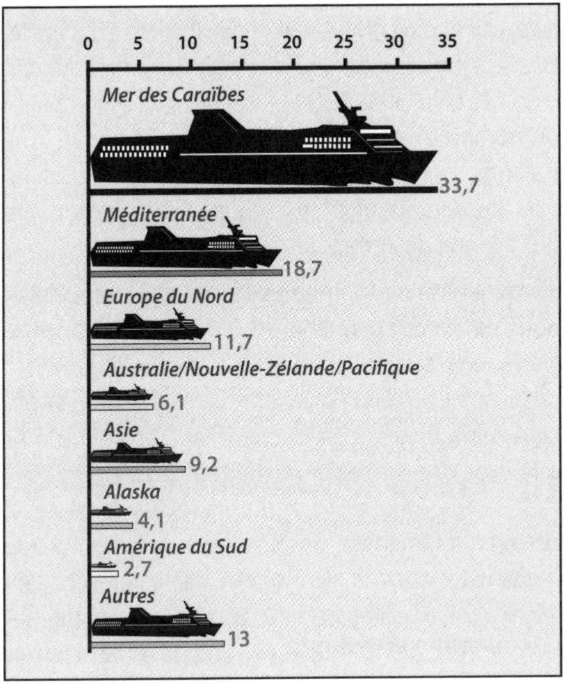

vers des côtes paradisiaques, des îles inhabitées... On redessine totalement le voyage en mer, le liant à la détente, au repos, à l'admiration des paysages : le paquebot lui-même devient une destination... Aujourd'hui, on cherche à répondre à une demande en hausse constante, en multipliant les parcours et les étapes, la diversité des offres, la taille et le nombre des paquebots. L'*Harmony of the Seas* en est un exemple frappant. Construit dans les chantiers navals de Saint-Nazaire et mis en service en mai 2016, il est à ce jour le plus grand navire de croisière du monde. D'une longueur de 362 mètres, il a une capacité d'accueil de plus de 6300 passagers, etc. et comprend de nombreux équipements de luxe : piscines, spa, théâtres, cinémas, salles de sport, patinoire, casino, bars, restaurants, etc. C'est une véritable ville flottante qui sillonne désormais les mers…

Si le gigantisme a longtemps été de mise – rappelons-nous les luxueux paquebots du XXe siècle : le *France*, le *Normandie* ou les *Queen Mary* et *Queen Elizabeth* –, on diversifie aujourd'hui les offres afin qu'elles puissent convenir à tous : du séjour familial à prix abordable à la croisière intimiste nettement plus onéreuse ! Cette variété de séjours, de prix et de formules a permis d'augmenter considérablement le nombre de croisiéristes à travers le monde : de 17,8 millions en 2009 à 24,7 millions en 2016 ; soit une augmentation de près de 40 % en sept ans, selon les chiffres de la Cruise Lines International Association. Pour la croisière, plus que pour tout autre secteur, le client est roi : l'offre s'adapte donc à la demande. Certaines compagnies ont ainsi développé des programmes de quelques jours à peine pour une clientèle qui bénéficie de très peu de congés, comme les Chinois ou les Nord-Américains.

Une croisière à bord d'un luxueux paquebot à plus de 3000 passagers, en général à destination de la

Méditerranée ou des Caraïbes, est donc à présent plus abordable – souvent entre 200 et 1 000 euros par personne pour une semaine en Méditerranée. Aujourd'hui, la croisière de luxe se caractérise plutôt par des navires plus petits – en général moins de 500 passagers – et vers des destinations plus exotiques encore... Ainsi, certaines compagnies proposent des croisières dans le Grand Nord sur les traces d'explorateurs du passage du Nord-Ouest : du Groenland à l'Alaska, en passant par Beechey, petite île abandonnée au nord du Canada... On est bien loin des îles paradisiaques des Caraïbes, mais l'expérience est novatrice, inédite, unique, donc fascinante. L'engouement pour ce type de croisière est lui aussi très fort, même si le prix est exorbitant – pas loin de 10 000 euros pour 10 jours autour de l'Antarctique, hors vols !

Si la croisière est aujourd'hui un marché en pleine expansion, c'est aussi parce qu'elle a su se nourrir de nos rêves, de nos peurs, de nos fascinations... Croisières sur les traces d'Ulysse autour des îles grecques et italiennes ; séjours en mer des Caraïbes, des ports coloniaux aux criques pirates... Les plus téméraires opteront pour une virée non loin des Bermudes, une zone emplie de mystère et d'énigmes, quand les plus rêveurs, les plus curieux rechercheront l'Atlantide du côté de Santorin, de Gibraltar, des Açores... Les mythes restent tenaces, et les programmes de croisière continuent de les alimenter, pour le plus grand plaisir des touristes en quête de rêve et d'évasion...

Le tourisme sur les traces d'Ulysse

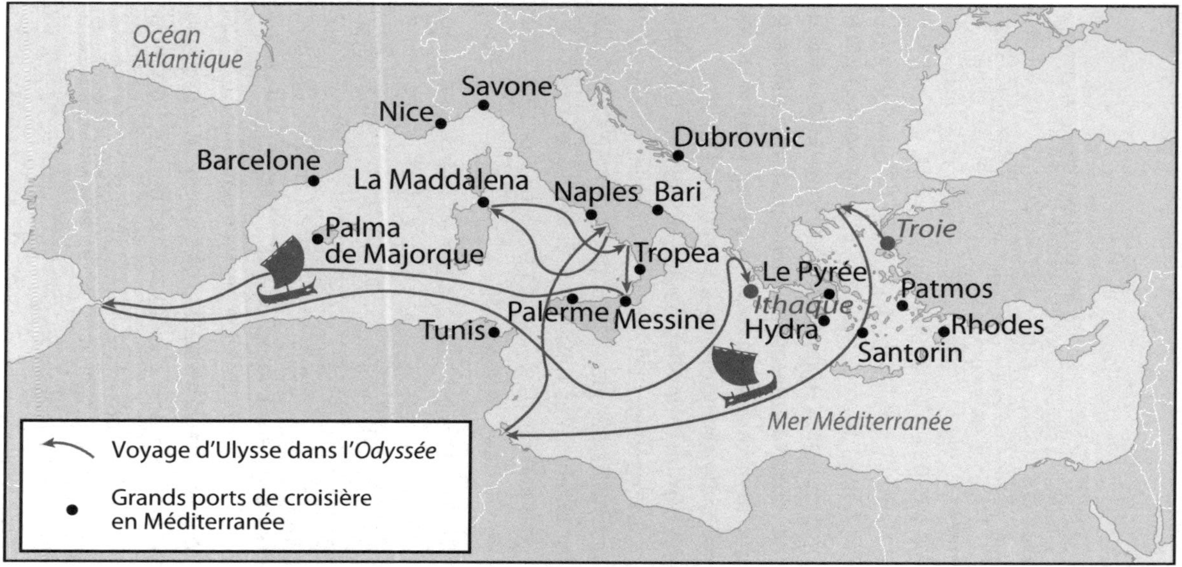

Le tourisme sous-marin, un secteur d'avenir ?

Voyager sur les mers, c'est beau, mais voyager sous les mers, c'est encore mieux. Depuis quelques années, les musées sous-marins sont en vogue. Après le Mexique et les Bahamas, les Canaries ont inauguré en 2017 El Museo Atlantico, plus grand exemple de ce type au monde qui regroupe 300 sculptures installées à 14 mètres de profondeur. Munis de masques et de tubas, les intrépides visiteurs peuvent y admirer les œuvres de Jason deCaires Taylor, évoquant les problématiques actuelles de protection de l'environnement. Marseille s'est également intéressée à l'idée et doit prochainement inaugurer son propre musée subaquatique au large de la plage des Catalans. Le tourisme maritime semble encore avoir de beaux jours devant lui…

Des élites oisives au tourisme de masse, la mer a su inspirer, faire rêver les hommes tout au long de l'histoire. Alimentant l'imagination en quête de loisirs, elle a permis de créer et développer une véritable source d'investissement à long terme, qui a parfaitement su se mêler à l'économie et aux flux maritimes déjà en place depuis longtemps…

Chapitre 2

L'océan au cœur du réseau mondial

Camille Morel

Marées, houle, courants… la mer est un milieu «mouvant» par nature. Elle a toujours été traversée par des «flux» de toutes sortes. Mais ces mouvements maritimes, qu'ils soient humains, commerciaux ou financiers, jouent aujourd'hui un rôle indispensable au bon fonctionnement de l'économie mondiale. De marchandises ou d'informations, les flux se sont peu à peu dématérialisés et autonomisés, jusqu'à devenir les piliers d'une mondialisation avant tout maritime. Leur force fait néanmoins aussi leur vulnérabilité, et impose dès lors de garantir leur sécurité sans restreindre leur liberté.

Une histoire des flux maritimes

La mer a toujours été au cœur des échanges entre les peuples. Qu'il s'agisse de l'antique *Mare Nostrum,* des épopées vikings s'étirant du Groenland à la mer Noire entre le VIIIe et le XIe siècles ou encore de l'époque des « Grandes Découvertes » (XVe-XVIe siècles), les voies maritimes et fluviales ont largement été exploitées, privilégiées même. Grâce à la mise au point de nouvelles techniques et au perfectionnement des outils de navigation – boussole, gouvernail d'étambot, caravelle, puis navire à vapeur ou encore canaux transocéaniques… –, le transport par voie de mer n'a cessé de croître et de se développer. L'apparition récente du conteneur, à partir de 1937, a même révolutionné les échanges : intermodal, cet outil, dont le format permet de limiter les manutentions portuaires, favorise le développement du commerce de masse des biens manufacturés à travers le monde. Véritables vecteurs de la mondialisation, ces gigantesques boîtes sont à l'origine d'une réduction des coûts et du temps de transit. Le développement, dans les années 1960, de leur support principal, le porte-conteneurs, assure au transport maritime une large suprématie dans le commerce international.

Mais les flux maritimes ne se réduisent pas au transport de marchandises, ils se sont en effet diversifiés. Populations, informations, transactions financières, technologies, savoir-faire ou encore énergies, transitent désormais par les océans. Depuis une vingtaine d'années, les mouvements se multiplient et changent progressivement de nature, faisant apparaître de nouvelles problématiques : l'immatériel est difficilement maîtrisable, par les États comme les autres acteurs internationaux.

Une évolution permanente

Initialement limités aux matières premières, les échanges se sont peu à peu élargis aux produits dits finis. Au commerce des épices se sont ainsi ajoutés par exemple celui des biens manufacturés ou celui des hydrocarbures. On est également passé d'un transport de passagers à un transport davantage motivé par le loisir, la détente et le goût de l'aventure, alimentant un nouveau tourisme de masse, celui de la croisière.

Enfin, le développement des moyens de communication a connu le même phénomène : aux échanges effectués en morse, par télégraphe, a succédé la transmission de la voix *via* la technologie du coaxial. Le câble sous-marin a en effet permis de passer une partie des appels téléphoniques intercontinentaux, avant que la fibre optique, à partir des années 1980, n'assure le transfert de l'ensemble des télécommunications mondiales, à une vitesse alors jamais égalée.

Mais les flux maritimes n'ont pas seulement évolué, ils se sont également intensifiés et accélérés. En 2016, plus de 90 917 navires commerciaux ont ainsi navigué sur nos océans, et le *MOL Triumph*, porte-conteneurs construit en 2017, atteint la capacité de 20 170 EVP (c'est-à-dire « équivalent vingt pieds », unité de mesure des conteneurs), suivant la fameuse « course au gigantisme ». Et il en est de même pour la communication : les câbles sous-marins qui parcourent le fond des mers se sont multipliés ces dix dernières années. Alors qu'on en comptait à peine 150 en 2012, le site telegeography.com comptabilise plus de 290 liaisons sous-marines pour l'année 2017. La fibre optique transporte un nombre croissant de données avec une rapidité toujours plus spectaculaire. La capacité de bande passante a ainsi été multipliée par six entre 2001 et 2016, atteignant les 60 térabits par seconde (tb/s).

Évolution des principales routes maritimes entre 1912 et 2014

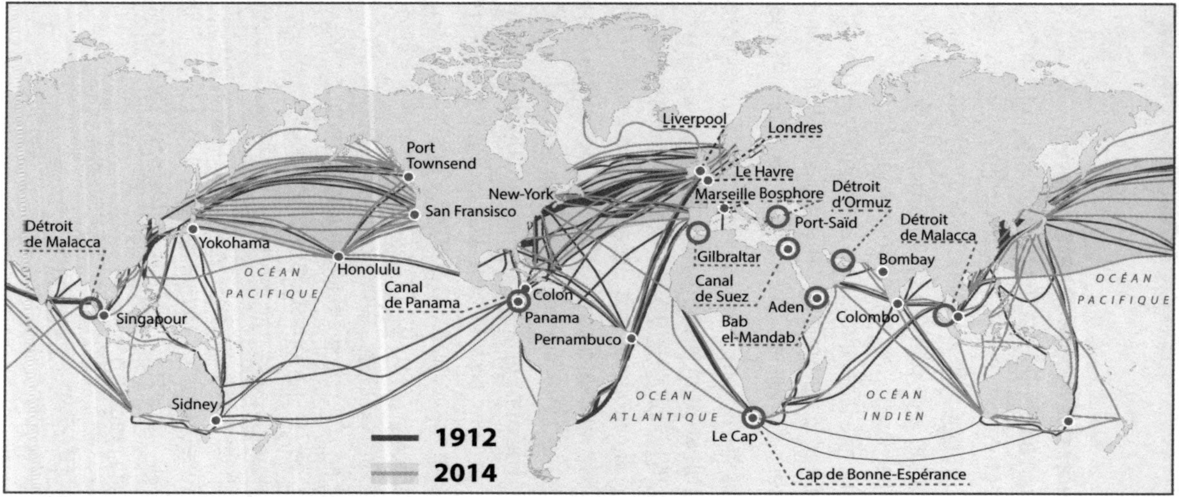

Source : Questions internationales, *n° 70, 2014, p. 17.*

Tracer des routes en mer

Le tracé des flux maritimes lui-même a été modifié. Bien que les routes traditionnelles suivies par le commerce perdurent encore aujourd'hui, elles se sont adaptées et reconfigurées au fil des années. Si l'origine de la navigation est marquée par l'emploi de routes dites « météorologiques » – en fonction des vents dominants –, l'invention du moteur avec la révolution industrielle fait apparaître les routes loxodromiques, à cap constant. La notion de routes orthodromiques – itinéraire le plus court à la surface du globe –, quant à elle, modifie une fois de plus les repères établis. Les routes maritimes, bien qu'apparemment figées sur le court terme, n'ont donc pas cessé d'évoluer.

Alors que le commerce mondial était, avant le XVIe siècle, axé sur les échanges euro-asiatiques, un basculement s'opère lors des « Grandes Découvertes » : l'océan Atlantique prend alors une place centrale. De nos jours, avec l'essor de l'Asie comme « atelier du monde », l'axe transpacifique devient la voie maritime mondiale la plus empruntée au monde et de nouvelles routes apparaissent, notamment sous l'effet des faibles coûts de transport. Des autoroutes à porte-conteneurs se dessinent, créant à leur tour des voies secondaires ponctuées de ports régionaux. Que les nouvelles routes maritimes soient « Sud-Sud », depuis la Chine ou l'Inde, intracontinentales ou arctiques, cette redistribution des cartes interroge sur la pérennité des grandes artères, dominées jusque-là

Commerce mondial de marchandises conteneurisées par route maritime, 2015
Parts en pourcentage en EVP

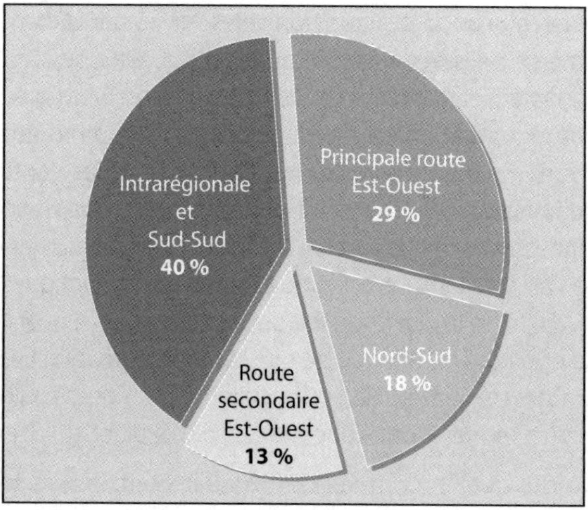

Source : Cnuced, 2016.

par les Occidentaux et les liaisons Est-Ouest. Ainsi, d'après la Cnuced, la part du commerce mondial empruntant l'axe principal Est-Ouest a reculé, passant de 36 % à 29 % entre 2007 et 2015.

Le domaine numérique n'échappe pas à ce mouvement sous l'effet de l'entrée en piste de nouveaux acteurs qui modifient les itinéraires et la densité des connexions. Ainsi, des liaisons entre l'Afrique et l'Amérique du Sud ont été amorcées début 2017, avec les *South Atlantic Cable System* (SACS), reliant le Brésil à l'Angola, et *South Atlantic Inter Link* (SAIL), reliant le Brésil au Cameroun.

S'affranchir des contraintes traditionnelles

Au-delà de leurs évolutions quantitatives et qualitatives, les flux maritimes tendent à s'affranchir de certaines contraintes, qu'elles soient humaines ou physiques. Les mouvements semblent ainsi à la fois gagner en autonomie et se dématérialiser fortement, créant, de ce fait, de nouvelles perspectives économiques.

La navigation s'est ainsi largement automatisée grâce au développement du GPS *(Global Positioning System)* et d'autres technologies, au point de rendre minime l'intervention humaine en la matière. La régulation et la gestion du trafic sont quant à elles gérées désormais par un système informatique, l'*Automatic Identification System* (AIS). Les systèmes de surveillance et de gestion des infrastructures littorales se retrouvent eux aussi automatisés, comme c'est le cas notamment avec la numérisation des ports et les stations de câbles sous-marins. Cette informatisation contribue à fluidifier les mouvements et permet, d'une certaine manière, de les alléger en les rendant plus performants et plus souples. En témoignent les technologies numériques désormais présentes à bord des navires, comme, par exemple, le système de réalité augmentée adapté à la passerelle de navigation, proposé par l'armement suédois Stena Line et le Britannique Rolls-Royce. Prenant en compte son environnement, le navire parviendra ainsi, de manière intelligente, à faire fusionner un ensemble de données afin d'être plus autonome.

Si l'emploi de drones sous-marins semble peu à peu se généraliser, les premiers navires sans équipage sont attendus dès 2020. On observe ainsi un véritable phénomène de distanciation entre les systèmes opérationnels et l'homme. Commandés à distance depuis un centre de contrôle – comme le prototype *Ocean Blue* –, les bâtiments autonomes pourront transporter du pétrole ou des conteneurs et résoudre de nombreuses difficultés sans la présence de personnel à bord. Si ce processus d'autonomisation des navires de commerce n'est pas nouveau – il remonte aux années 1960 – et visait initialement la conduite des moteurs et des installations auxiliaires, il s'est rapidement étendu à la conduite et à la gestion de la cargaison. Et la navigation – *via* la carte numérique –, la propulsion – *via* la conduite par automate programmable –, la gestion du chargement ou même la communication sont désormais concernées par cette automatisation ! Les flux maritimes sont donc amenés à évoluer encore dans les prochaines années, afin de s'adapter à ces profondes et continuelles transformations.

Les câbles sous-marins dotés de la fibre optique contribuent eux aussi largement à cette tendance : assurant 90 % des échanges d'informations dans le monde, ils sont devenus indispensables au commerce international, dépendant d'internet. Les données transmises virtualisent ainsi des échanges maritimes qui étaient jusque-là restés physiques. Les mouvements financiers notamment, qui se caractérisaient à l'origine par la remise de bourses d'or, sont devenus de simples chiffres correspondant aux opérations à effectuer – du virement bancaire au *trading* haute fréquence (THF). De même, les transferts de technologie, de documents, ou encore de photos, auparavant effectués sous format papier, peuvent désormais emprunter la voie informatique.

Plus besoin de se déplacer ou de déplacer des objets par voie maritime, il suffit de se connecter depuis chez soi et d'envoyer les données nécessaires au transfert de l'information pertinente. Cette tendance prend une ampleur nouvelle avec l'apparition de technologies capables d'entraîner une véritable rupture stratégique, telle l'imprimante 3D. Afin de transmettre la « notice » de fabrication et d'utilisation des futurs « produits », il faudra transmettre au format numérique les éléments pertinents, afin que le destinataire puisse créer son objet sur place. Le transfert de marchandise réelle par la mer pourrait donc s'essouffler, dans un futur proche, au profit d'informations entièrement virtualisées… bien qu'à ce stade, évidemment, il faille encore nuancer de tels propos.

La liberté crée la vulnérabilité

Cette fluidité a cependant son revers. La double tendance à la dématérialisation et à l'autonomisation des flux accroît en effet le risque pesant sur les échanges maritimes.

La transformation numérique, à laquelle le monde maritime est chaque jour davantage confronté, y contribue. La gestion et les interactions du navire avec les autres acteurs du milieu en ont été notamment modifiées. Les échanges sont quotidiens entre le bâtiment, le port et les agents maritimes. Autrement dit, le navire s'intègre naturellement dans le cyberespace et est donc plus vulnérable que jamais aux attaques informatiques. Les systèmes embarqués concernés sont d'ailleurs nombreux : du positionnement du navire par satellite au logiciel de cartographie (ECDIS) en passant par l'enregistreur de données (VDT), c'est l'ensemble des moyens automatisés qui peut être visé. Détournement d'identité, prise de contrôle à distance... l'inventivité débordante des *hackers* ne permet pas de dresser une liste exhaustive des risques encourus.

Mais le navire n'est pas le seul concerné. Les ports, au cœur du trafic maritime, sont plus sensibles qu'auparavant à cette menace : la mise en place du *smart terminal* favorise leur connectivité et donc leur vulnérabilité. Les logiciels de gestion des conteneurs et de chargement ont notamment été visés par la célèbre attaque du port d'Anvers, en 2011 (voir encadré). La configuration des parcs éoliens *offshore* laisse également présager que d'autres activités maritimes peuvent être inquiétées : la sous-station électrique, destinée à transformer l'énergie produite par les machines et à la diriger vers la terre, sert également

Des eaux vulnérables aux cyberattaques

L'océan est aujourd'hui largement concerné par le risque de piratage numérique. L'attaque du port d'Anvers, en 2011, a montré que le milieu maritime était devenu une cible privilégiée pour les *hackers*. Grâce à l'emploi de logiciels malveillants sur les postes informatiques des opérateurs, un cartel de drogue est en effet parvenu à se procurer les informations nécessaires à la localisation d'un conteneur transportant de la marchandise illicite et à faire sortir celle-ci du port en toute invisibilité.

En octobre 2015, c'est au tour de l'hydrolienne bretonne Sabella D10 d'être victime de pirates informatiques. Piloté à distance par satellite depuis Quimper et relié par câble de fibre optique à Ouessant, l'appareil n'alimentait pas encore l'île mais produisait déjà de l'électricité. Son logiciel de communication a alors fait l'objet d'une attaque par virus informatique dit cryptolocker, bloquant l'accès à ses données par une méthode de chiffrage. Une leçon prise en compte pour l'avenir…

de relais pour le pilotage à distance du parc éolien. Sa connectivité et l'automatisation de ses systèmes sont autant de cibles potentielles. Le piratage d'une hydrolienne en mer, en 2015, a déjà montré la vulnérabilité des installations d'énergie au large et des flux transitant par ce biais. L'utilisation de câbles sous-marins pour relier la sous-station aux machines et au continent renforce d'ailleurs cette vulnérabilité. Au même titre que le réseau de communication, ceux-ci pourraient faire l'objet de dégradations physiques ou de cyberattaques dans le but d'interrompre la production ou le rapatriement de l'énergie produite vers le consommateur final.

Si les risques sécuritaires portant sur les flux maritimes semblent marqués par une certaine évolution, des problématiques historiques persistent. La question des « points névralgiques », notamment, s'est renforcée. Si les échanges intercontinentaux majeurs continuent à suivre les routes maritimes traditionnelles, le franchissement de certains détroits et canaux reste incontournable. Outre le risque de fermeture – comme le canal de Suez entre 1967 et 1975 –, d'autres menaces pèsent sur ces passages stratégiques, comme la piraterie. Les flux mondiaux se trouvent donc toujours dépendants de la maîtrise des grands axes maritimes. D'autant que trois grands itinéraires sont aujourd'hui suivis par la marine marchande : les routes nord-atlantiques, nord-pacifiques, puis l'aorte passant par Gibraltar, Suez, Bab-el Mandeb et Malacca. Peu diversifiées, ces voies sont d'autant plus dangereuses que l'accroissement de l'activité maritime mondiale s'y concentre et augmente les risques liés à la convoitise de certaines cargaisons ou aux bénéfices d'une rançon… La hausse des inégalités, inhérente à la mondialisation dans certaines de ces zones sensibles, comme au niveau de Malacca, ainsi que l'action d'organismes non étatiques, renforcent encore l'instabilité de ces routes maritimes majeures (voir chapitre suivant). Les flux de données transitant par câbles sous-marins sont également concernés : outre les risques pesant sur les navires câbliers, le cumul d'activité dans ces zones étroites accroît les risques classiques de détérioration par accrochage – d'une ancre, d'un outil de pêche… – pouvant dégrader la fibre optique. Est alors soulevée la question de la sécurité des données et du maintien en condition du trafic (coupures, espionnage…). Enfin, la problématique des accidents en mer, toujours anticipée du fait de l'augmentation du trafic, pousse également à repenser les règles traditionnelles de navigation pour les adapter à un certain nombre de technologies nouvelles, comme les drones sous-marins ou les navires autonomes…

Aux menaces traditionnelles pesant sur les flux maritimes viennent donc s'ajouter de nouveaux risques, renforcés par l'évolution de ces mouvements. Si la mer est l'un des vecteurs principaux de la mondialisation, des enjeux nationaux remettent en question son rapport au « village global » (re-localisation ; sécurité nationale…). Bien que la libre circulation soit ardemment défendue – comme le prouve la présence réaffirmée des Américains en mer de Chine –, l'existence de flux de personnes et de biens jugés indésirables, notamment dans le cadre de la lutte contre le terrorisme et contre les trafics, semble s'opposer à cette logique. La remise en cause de la légitimité de structures et de mesures mises en place à l'échelle régionale ou internationale ne contrevient d'ailleurs pas à ce dynamisme. Cependant, l'interconnexion croissante de nos économies et la dimension toujours plus globale des activités maritimes, qu'il s'agisse du transport de marchandises ou de la transmission de données, encouragent la concertation et la résolution des défis au niveau international. Quelle gouvernance adopter alors afin d'assurer une conciliation des intérêts nationaux et internationaux sur les flux maritimes ?

Chapitre 3

Trafics, contrebande et criminalité maritimes, rançon de la liberté des mers

Quentin Chanal

D'immenses quantités de biens en tous genres transitent quotidiennement par les océans. Les flux sont constants, globaux, et ne donnent aucun signe de ralentissement : la mer est le commerce, et le commerce est la mer. Ceci constitue la face avenante d'une globalisation qui a aussi son revers. Fraudes, contrebande et criminalité ont tout autant profité des océans : elles se sont mondialisées, sont devenues plus massives, au point de donner naissance parfois à de véritables firmes multinationales du crime.

Le passeur de migrants : le salaire de la peur

On trouve des traces de migrations maritimes dès la Préhistoire : le peuplement de l'Océanie et de diverses îles ne peut s'expliquer autrement. Le phénomène, initialement géographique, prend une tournure économique et politique dès l'Antiquité, et gagne en importance au fil de l'histoire.

Par sa nature même, la mer représente aujourd'hui le moyen le plus simple de se rendre clandestinement dans un autre pays. Le contrôle d'une côte ne s'assure pas aussi aisément que celui des entrées et sorties d'un aéroport ou d'une gare et il est devenu très facile, la technologie aidant, de mettre le premier esquif venu à l'eau et de s'improviser marin au long cours. Du moins en apparence…

La crise actuelle, qui voit arriver en Europe des flux de migrants en provenance de Syrie et d'Irak, est un exemple marquant de cette nouvelle réalité. En seulement quelques années, plusieurs millions de personnes ont rallié le Vieux Continent, contraignant les États de l'Union européenne à mettre en place des infrastructures d'accueil et à se partager la charge de ces arrivants au moyen de quotas de répartition.

L'institution européenne chargée de l'immigration, Frontex, récemment devenue l'Agence européenne de garde-frontières et de garde-côtes (EBCG – *European Border and Coast Guard*), a bénéficié de ce fait d'une navalisation considérable de ses moyens. L'Espace Schengen compte 9 000 km de frontières terrestres contre près de 44 000 km de frontières maritimes, particulièrement sollicitées par les filières d'immigration clandestine. En conséquence, l'EBCG travaille étroitement, en France, avec le Centre opérationnel de la fonction garde-côtes (COFGC), placé sous l'autorité du secrétariat général de la Mer.

Cette crise est loin d'être terminée, mais la nature de ses flux a changé. Au départ affaire d'improvisation, le phénomène de migration s'est progressivement professionnalisé, jusqu'à ce que « passeur » devienne un véritable métier, particulièrement lucratif. Si les arrivées clandestines sur l'ensemble du sol européen sont en baisse, les migrants eux-mêmes sont désormais considérés comme une ressource à exploiter et intégrés à un réseau souterrain extrêmement bien organisé.

Les nouveaux « rois de l'évasion »

Financièrement, le *business* de la migration dégage d'importants profits. Selon l'Organisation internationale pour les migrations (OIM), qui dépend des Nations unies, une traversée entre la Libye et l'Italie par un simple navire de transport rapporterait entre quatre et sept millions d'euros à ses « armateurs » et, en 2015, ce trafic aurait généré jusqu'à six milliards de dollars d'après Interpol. L'argent circule grâce au système de l'*hawala*, une méthode de paiement traditionnelle, très courante dans les pays musulmans, qui consiste à transférer des fonds par le biais d'un réseau d'agents de change. Ce système est fondé sur la confiance et n'exige aucune traçabilité écrite ou signature électronique : l'argent change physiquement de mains jusqu'à son destinataire final, et les sommes colossales engrangées par les passeurs ont tôt fait de disparaître dans la nature.

Logistiquement, la traversée se déroule de façon toujours plus sûre pour les passeurs. Pour échapper au durcissement progressif des contrôles aux frontières, trois nouvelles méthodes ont été observées. Le passeur peut tout d'abord embarquer avec les migrants, les conduire le plus près possible des côtes du pays de destination, puis quitter le navire après avoir, selon les cas, émis un appel de détresse ou lancé l'embarcation à pleine vitesse en direction du littoral. Deuxième cas de figure, le passeur reste à terre et charge un migrant, en échange de la gratuité du

Les principales routes de l'immigration clandestine

Passages clandestins enregistrés en 2012

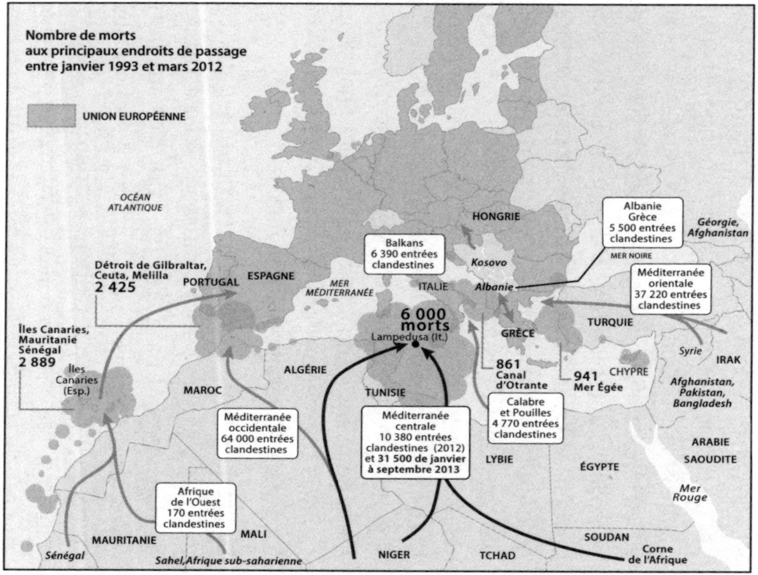

Note : 16 264 morts ont été recensés aux frontières de l'Europe entre janvier 1993 et mars 2012. Entre janvier 2013 et septembre 2017, ce chiffre s'est élevé à 14 474.

Source : Frontex, UNHCR.

voyage, de diriger l'embarcation le plus loin possible des côtes du pays de départ puis d'émettre un appel de détresse à l'aide d'un téléphone satellitaire fourni au préalable. Et enfin, troisième option, le passeur conduit les migrants à bord de bateaux gonflables jusqu'à un navire complice qui accomplit le reste de la traversée. Le trafiquant, lui, regagne ses propres côtes.

Mais d'autres techniques ont également été développées au fil du temps, comme celle qui consiste à lancer simultanément vers les pays de destination plusieurs bateaux de fortune, afin de déborder les dispositifs de patrouille et de garantir le plus grand nombre de débarquements possibles. Une chose est sûre, la connaissance du droit de la mer par les passeurs est remarquable : ils savent en effet que tout navire a pour obligation de venir en aide à une embarcation en détresse, de recueillir les naufragés et de les conduire à terre… où ils pourront demander asile. Pour les passeurs, le risque est minimal, et les bénéfices, colossaux. La demande ne faiblit pas : les pays de provenance ou de transit des migrants ne présentent aucun signe de stabilisation et ne peuvent rien contre les réseaux de passeurs, devenus puissants, riches et toujours aussi difficiles à remonter.

Ce marché lucratif reste particulièrement macabre, le passage de la Méditerranée causant de nombreux décès parmi ceux qui l'entreprennent. Début juin 2017, le vice-amiral Enrico Credendino, commandant l'opération navale européenne *Sophia/EURONAVFOR Med*, spécialisée dans la lutte contre le trafic de migrants en Méditerranée, a plaidé pour que ce phénomène soit reconnu comme crime contre l'humanité. En dépit de la forte diminution des entrées clandestines sur le sol européen – à l'exception de l'Italie –, fin septembre 2017, on compte déjà 2 654 morts depuis le début de l'année, soit un mort pour cinquante migrants.

Contrebande : l'exemple de la drogue

Si la liberté des mers constitue une aubaine pour le passeur, elle ne laisse pas le contrebandier en reste... L'expansion du trafic de drogue en est sans doute le meilleur exemple. Ce phénomène s'est rapidement mondialisé, alimentant une économie extrêmement prospère, qui ne cesse de recruter et dont les chiffres d'affaires sont vertigineux : à la seule échelle française, le marché des drogues illicites a rapporté 2,3 milliards d'euros à l'économie souterraine en 2010, selon l'Institut national des hautes études de la sécurité et de la justice (Inhesj).

L'opium reste un exemple très parlant de la dynamique et des enjeux actuels du trafic de drogue. Son histoire est porteuse d'une certaine ironie. Les premières traces de l'opiacé remontent à l'Antiquité. Bien de consommation convoité, remède médical efficace ou attribut divin, l'opium a fait tomber des empires (voir encadré) et vu naître de véritables fortunes, notamment celle de la puissante famille Forbes.

L'opium incarne à lui seul le pouvoir tentaculaire et toujours croissant associé au contrôle des substances narcotiques. Et ce pouvoir est une fois de plus très étroitement lié à la mer.

L'opium, une histoire chinoise

L'histoire de la Chine fournit un témoignage remarquable de l'importance qu'a pu revêtir l'opium. Au XVIIIe siècle, les Chinois sont extrêmement friands de ce narcotique produit en très grandes quantités par le voisin indien et importé à grands frais par les Anglais. L'opération est lucrative : l'Inde britannique en retire à l'époque 14 % de ses revenus totaux. La puissante dynastie Qing, consciente du peu de cas que font les Européens des intérêts chinois, décide de réagir et impose dès 1729 l'interdiction totale du trafic d'opium. Cet édit, qui demeure sans le moindre effet, est suivi, un siècle durant, de mesures dont la sévérité va croissant. Mais la prohibition se contente de faire exploser les prix du précieux opiacé, de plus en plus recherché, donc de plus en plus rémunérateur. On observe alors la mise en place d'un véritable trafic illégal orchestré par la Compagnie britannique des Indes orientales.

Devant l'échec de ces mesures, la Chine passe à la coercition. Tous les stocks de narcotiques sont confisqués et détruits. C'est le début des guerres de l'opium, qui se dérouleront de 1839 à 1842, puis de 1856 à 1860. Battue par les nations européennes, déchue de sa puissance et de son prestige, la Chine entre dans son « siècle de la honte ».

L'époque où l'Occident organisait le trafic d'opium est bel et bien révolue. Aujourd'hui, la situation s'est inversée de façon spectaculaire : les nations occidentales sont les principales destinataires d'importants flux de narcotiques en provenance de leurs anciennes possessions coloniales, en Amérique latine comme en Asie du Sud-Est... Les Nations unies ont criminalisé la production et le trafic de drogue avec la Convention unique sur les stupéfiants de 1961, quand les États-Unis se sont lancés dans une véritable « guerre de la drogue ». Dans les années 1970, l'Office des Nations unies contre la drogue et le crime (ONUDC) estimait la production mondiale d'opiacés à 1 066 tonnes par an. En 2016, le chiffre était évalué à 6 380 tonnes. Le commerce des narcotiques joue un rôle puissant, économique mais aussi politique : les talibans ont par exemple fait du trafic d'opium leur principale source de financement. La mondialisation, en facilitant les échanges, a énormément profité à ce type de trafic, et la mer se trouve une fois encore au cœur de cette nouvelle économie souterraine.

Car ce qui est vrai pour la traite des migrants vaut également pour la drogue. La liberté des mers est un précieux sésame pour qui dispose d'une ligne de fabrication de narcotiques : les voies maritimes sont privilégiées pour le trafic d'opiacés – l'opium et son dérivé, l'héroïne – et de cocaïne, en provenance, respectivement, d'Asie du Sud-Est et d'Amérique latine. La puissance croissante des narcotrafiquants se décline sur les mers, avec des moyens toujours

Les embarcations du narcotrafic

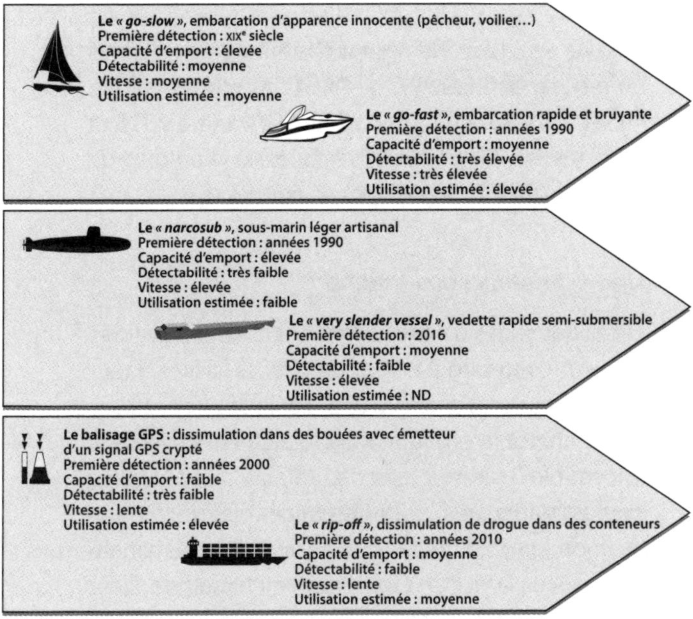

plus nombreux, et toujours plus sophistiqués, parfois nettement supérieurs aux capacités dont disposent certains États pour contrôler leurs eaux territoriales. Le Costa Rica a ainsi déclaré en mai 2017 être incapable d'enrayer les opérations des narcotrafiquants sur son territoire. Ces derniers utilisent les nombreuses plages sauvages du pays comme points de relais pour transporter de la cocaïne colombienne jusqu'aux États-Unis, et l'intensité du trafic a sévèrement augmenté depuis quelques années. Les garde-côtes du petit État ont ainsi annoncé avoir repéré, pour l'année 2016,

254 bateaux soupçonnés de transporter de la drogue, contre 125 en 2015. L'explosion de la production de cocaïne en Colombie n'y est pas étrangère : d'après un rapport de l'ONUDC de 2017, la zone de culture de la coca y aurait augmenté de 52 % entre 2015 et 2016 (de 96 000 à 146 000 hectares) et la production de 34 % (de 646 à 866 tonnes métriques).

Une économie sous-marine

Les dynamiques propres à la mondialisation ont très souvent contribué à l'essor des trafics illicites. Frontières poreuses, échanges démultipliés sur les mers... Le commerce international est totalement privatisé et impossible à surveiller dans sa totalité : une aubaine pour les trafiquants, qui jouissent de voies de communication internationales plus accessibles que jamais. L'histoire de la *French Connection* en témoigne. Dans les années 1950, un réseau français très bien organisé importait de la morphine d'Orient. Transformée en héroïne, elle était ensuite expédiée en Amérique du Nord. Au plus fort de l'organisation, l'immense majorité de la consommation d'héroïne aux États-Unis était issue du trafic orchestré par la *French*.

Le trafic de drogue s'est incroyablement professionnalisé et a parfaitement suivi le rythme effréné de la mondialisation. Le trafiquant, devenu richissime, verse aujourd'hui dans le marketing, calcule ses risques, sa rentabilité... et surtout, investit. Tant et si bien que la frontière entre les moyens réservés aux pouvoirs publics et ceux accessibles aux particuliers s'est considérablement atténuée : le narco-sous-marin en est le meilleur exemple.

Le sous-marin est un type de bâtiment traditionnellement réservé aux armées de nations disposant d'une technologie et de capacités industrielles du plus haut niveau. Désormais, les cartels mexicains et colombiens y ont également recours. Depuis les années 1990, ces organisations investissent l'argent de la drogue dans la conception de bâtiments submersibles et semi-submersibles : une tâche ardue, longue et coûteuse pour des organisations criminelles qui travaillent dans l'ombre. Elles utilisent généralement le littoral Pacifique de Colombie, très sauvage, pour y implanter de véritables chantiers navals improvisés, avec baraquements pour les ouvriers ainsi qu'un système logistique complet pour les pièces complexes, l'électricité et l'alimentation du personnel. Les services de renseignement américains estiment que la construction d'un narco-sous-marin, généralement à usage unique, coûte environ deux millions de dollars. Un lourd investissement… Avec une rentabilité que l'on peut qualifier d'acceptable, sachant qu'un voyage à pleine charge peut rapporter entre 100 et 400 millions de dollars aux trafiquants. Et les choses ne s'arrêtent pas là : un nouveau type d'embarcation a été détecté par la police guatémaltèque en juin 2016. Il s'agissait d'un VSV *(Very Slender Vessel)*, généralement utilisé par les unités de forces spéciales. Ce type d'engin tient du sous-marin et du hors-bord. Sa forme d'aiguille lui permet de fendre les flots tandis que sa ligne de flottaison très basse (seul le cockpit dépasse, soit moins d'un mètre de surface émergée) le rend quasiment indétectable. Le VSV cumule les avantages pour les « narcos » : rapidité, discrétion, et une capacité d'emport comparable aux sous-marins classiques. On dispose de peu d'informations sur ces narco-VSV mais tout porte à croire qu'un compromis aussi intéressant risque d'avoir, pour longtemps, les faveurs des trafiquants.

Les efforts considérables entrepris par les narcotrafiquants pour développer ces technologies indiquent que malgré les initiatives nationales et supranationales ou la militarisation des moyens anti-drogue, le trafic de stupéfiants n'a pas perdu en rentabilité : son attrait, comme sa distribution, ne reconnaissent aucune frontière. Essentiellement maritime, ce trafic est aujourd'hui devenu l'un des grands piliers de l'économie souterraine mondiale.

Le pirate : liberté de navigation vaut liberté de prédation

La piraterie est assez liée à la contrebande et, comme cette dernière, elle traverse l'espace et le temps : de l'Antiquité à nos jours, des Caraïbes à la mer de Chine méridionale en passant par la *Mare Nostrum*, elle a toujours existé, quoique sous des formes très différentes. On peut cependant relier ces pics de criminalité maritime à plusieurs éléments.

Le contexte sociogéographique, tout d'abord, est un élément primordial : les pirates ont tendance à sévir dans des eaux riches en trafic commercial, généralement sur le territoire d'États faibles, incapables d'assurer eux-mêmes la sécurité de leurs frontières maritimes. Le contexte historique également : les moments d'ouverture commerciale, souvent associés aux phases de développement de la mondialisation, créent naturellement des flux de transport... qui, eux-mêmes, engendrent des pirates.

Avec la révolution du conteneur qui a littéralement fait exploser le commerce maritime, tous les ingrédients étaient réunis pour que la piraterie fleurisse à nouveau. Pour autant, le pirate ne peut être réduit à sa seule cupidité. Cette activité est empreinte d'une dimension culturelle forte et certains réseaux criminels, notamment en Asie du Sud-Est, s'en sont fait une spécialité historique : les réseaux de pirates de la région sévissent depuis quatre siècles et connaissent très bien leur affaire. Le détroit de Malacca a longtemps été la zone la plus dangereuse au monde à cet égard.

Comme pour les passeurs de migrants et les narcotrafiquants, les zones grises du droit de la mer sont très bien connues des pirates de cette région qui en usent pour échapper aux poursuites. Ainsi, commettant leur forfait dans les eaux internationales, ils se réfugient ensuite dans la mer territoriale d'un pays qui n'a pas les moyens de les prendre en chasse.

Une histoire de pirate : la *success story* de Ching Shih

Prostituée chinoise devenue pirate, Ching Shih (1775-1844) est régulièrement considérée comme la plus grande pirate de tous les temps. À la mort de son mari, elle hérita d'une immense flotte de jonques et d'une compagnie chaotique de 80 000 hors-la-loi. Afin d'unifier ses équipages et de structurer ce qui allait devenir un empire, Ching Shih développa un code d'honneur de la piraterie, que chacun de ses hommes était tenu de respecter. Il s'agit d'un personnage unique à bien des degrés : femme d'affaires exceptionnelle, elle disposait d'un réseau de contacts puissants pour écouler toute la marchandise que peuvent voler 1 800 jonques, ce qui suppose une logistique solide. Elle était également un stratège hors pair : elle a tenu tête à la marine de la dynastie Qing, à celle de l'empire portugais et à la Compagnie des Indes orientales britanniques, trois organisations sans tendresse pour les pirates. Ching Shih a pris sa retraite en acceptant une amnistie du gouvernement chinois en 1810. Elle mourut bien des années plus tard, à 69 ans, un âge remarquable dans son secteur d'activité.

Et ils savent profiter du chaos régnant – par exemple en mer de Chine, où tous les pays de la zone revendiquent des parcelles différentes, sans compter que le trafic commercial et de pêche y est très dense – pour échapper à la justice.

Mais la piraterie moderne est surtout connue à travers l'exemple somalien. Les pirates y ont été très actifs depuis le début des années 1990, suite à la guerre civile qui a ravagé le pays, ses infrastructures, et mis à mal ses institutions. La piraterie y est perçue comme une source de bénéfices inespérée dans le chaos ambiant et, si elle n'est pas soutenue officiellement par le gouvernement, la corruption et la complicité de chefs de guerre puissants (détenant un pouvoir important compte tenu de la désorganisation de l'État central) témoignent de la faiblesse de la réponse des autorités. D'autant plus que les pirates voient grand : kidnapping, détournement de navires, attaque à la roquette, assauts en pleine mer… Ils sont également très bons gestionnaires : une partie du butin est ainsi réinvestie dans l'outil de travail, avec l'achat de moyens nautiques de plus grande envergure et d'armes lourdes.

Le montant des rançons ou des préjudices lors de ce type d'attaque n'étant que très rarement communiqué, il est difficile de mesurer la rentabilité exacte de la piraterie somalienne. Pour autant, dans un pays fracturé et à la stabilité incertaine, il paraît évident que ce type de revenus peut sembler tentant. S'il est difficile de parler d'eldorado, la mer est certainement vue comme une source d'opportunités et de richesses par un nombre important de Somaliens. Pour autant, la menace a été rapidement prise au sérieux par les instances internationales, notamment avec la mise en place en 2008 de l'opération *Atalante*. Grâce à l'implication des marines européennes puis chinoise, russe, indienne et autres, le nombre d'attaques dans la région a baissé de façon significative dès 2012, pour aboutir à une seule attaque recensée en 2016… qui s'est soldée par un échec. Sans atteindre les statistiques de la « grande époque », 2017 tranche avec ces dernières années, avec déjà six attaques recensées entre janvier et septembre.

Quelques dates clés de l'histoire de la piraterie

Iᵉʳ siècle av. J.-C. : la Méditerranée *(Mare Nostrum)* est infestée par les pirates, Jules César lui-même est enlevé avant d'être délivré contre rançon. La Lex Gabinia, votée en 67 av. J.-C., confie des pouvoirs extraordinaires à Pompée qui éradique le fléau.

VIIIᵉ-Xᵉ siècles : les Vikings déferlent sur les côtes de l'Empire carolingien puis en Méditerranée avant de s'établir en Normandie et en Sicile.

XVᵉ-XVIᵉ siècles : la piraterie barbaresque, illustrée par les frères Barberousse, sévit en Méditerranée occidentale. À la même époque, la piraterie wakô s'attaque aux côtes chinoises.

XVIᵉ-XVIIᵉ siècles : les « frères de la Côte » sévissent dans les Caraïbes.

XVIIIᵉ-XIXᵉ siècles : chassés des Antilles, ils se réfugient pour partie dans l'océan Indien où ils connaissent un nouvel âge d'or.

Fin XXᵉ-début XXIᵉ siècle : résurgence de la piraterie en Somalie, dans le détroit de Malacca, dans le golfe de Guinée, mais également, quoique plus ponctuellement, en mer des Caraïbes et au large du Brésil et du Pérou.

Le golfe de Guinée connaît une dynamique inverse, avec une recrudescence très importante des actes de piraterie depuis 2012. Ici, la criminalité maritime présente la particularité d'être autant un moyen de subsistance que de résistance à l'État central. La région sud du Nigeria, très riche en hydrocarbures, est touchée par un niveau de pauvreté extrêmement élevé qui contraste avec les ressources qu'elle renferme. Une grande partie de la population considère que le gouvernement exploite la richesse du sous-sol avec la complicité des multinationales pétrolières sans en faire profiter le pays. En conséquence, plusieurs groupes armés nigérians se sont organisés pour voler du pétrole en mer, lequel est ensuite revendu en contrebande au Nigeria comme dans les pays voisins. Il s'agit pour eux de se réapproprier, parfois de façon très violente, une richesse dont ils se sentent privés : en plus des vols, détournements de navires et kidnappings, plusieurs actes de sabotage ont été commis sur les oléoducs du delta du Niger, et des bases militaires, comme celles de Cori (2006) ou Nembe (2015), ont même été attaquées. Dernièrement, plusieurs de ces groupes ont menacé de s'en prendre aux nombreux pétroliers qui transitent par ces eaux, avec l'intention non plus de les capturer, mais de les détruire.

Ce tour d'horizon de la criminalité maritime brosse un tableau compliqué, celui d'un univers codifié, professionnalisé, avec des motivations et modes opératoires très divers. Opportuniste, rusé et sachant s'adapter, le grand banditisme en mer a su tirer parti de la mondialisation pour échapper aux regards tout en maximisant ses sources de profit, à tel point que les trafiquants les plus prospères agissent aujourd'hui en véritables investisseurs et hommes d'affaires. Pour eux, la mer est au centre de leur appareil financier, vaste et sans frontières. Pirates, passeurs, trafiquants, tous font partie d'une économie souterraine très bien organisée, qui vit dans l'ombre de l'économie mondialisée. Y mettre un terme sera une œuvre de longue haleine qui explique pour partie la course à l'armement naval qui se déroule de nos jours.

Chapitre 4

Une course à l'armement naval

Vincent Themelin

Les codes traditionnels de la géopolitique terrestre ne s'appliquent pas en mer : si, à terre, on raisonne en termes de « frontières », en mer, ce sont les « flux » qui importent. Depuis toujours, le contrôle des flux économiques permet à un État de démultiplier sa puissance et d'asphyxier l'adversaire. Mais aujourd'hui, la maîtrise des routes maritimes offre également une capacité de projection globale, une possibilité de frappe inégalée contre des positions terrestres, un phénomène relativement nouveau et qui explique la course à l'armement naval à laquelle se livrent désormais de nombreux pays.

L'ère des Méditerranées

On peut distinguer trois époques majeures au cours de l'histoire navale, délimitées par de véritables révolutions techniques.

La première est celle « des Méditerranées », l'ère des mers semi-fermées, de la *Mare nostrum* romaine à la Baltique viking en passant par la mer de Chine méridionale. La puissance navale n'a alors pas encore pris un ascendant décisif sur la puissance terrestre. Le développement du commerce maritime donne toutefois les moyens à des entités politiques de financer des flottes de guerre. Celles-ci leur permettent de s'assurer un monopole commercial, source de revenus, de transporter des troupes et d'imposer un blocus en cas de conflit. C'est notamment le cas de l'antique thalassocratie athénienne qui prend la tête des cités hellènes durant les guerres médiques contre la Perse au Ve siècle av. J.-C. Si sa flotte est déterminante pour couper le ravitaillement des armées ennemies en mer Égée, c'est l'efficacité des fantassins, les hoplites, qui scelle pourtant l'issue du conflit. Lors de la guerre du Péloponnèse qui s'ensuit pour la domination du monde hellène, c'est encore une puissance terrestre, Sparte, qui vient à bout de la flotte athénienne.

Plus terriens que marins, les Romains s'appuient certes sur la mer Méditerranée pour assurer un lien entre l'ensemble de leurs conquêtes terrestres, mais leurs victoires reposent d'abord sur le combattant à pied : le légionnaire. Face à Carthage, concurrente directe pour la domination du bassin méditerranéen aux IIIe et IIe siècles av. J.-C., Rome construit une imposante flotte afin de briser la force navale punique. Cette stratégie lui permet de couper les liaisons maritimes de son adversaire et, surtout, de débarquer les troupes du général Scipion qui emportent la victoire à terre. On observe des phénomènes similaires pour ce que l'on peut appeler « les autres Méditerranées » : alors que la Baltique est dominée aux IX-XIe siècles par les peuples vikings qui se projettent vers les terres du sud à bord de leurs drakkars – si ce n'est jusqu'en Amérique du Nord ! –, les marins chinois, eux, voguent sur les mers asiatiques grâce à un art de la navigation extrêmement développé et bâtissent de formidables réseaux commerciaux qui atteignent même l'Europe depuis l'Antiquité. La mer Rouge est, quant à elle, un lac égyptien, puis arabe, jusqu'à ce que les navigateurs européens prennent conscience de son importance sur la route des Indes.

L'ère de l'Atlantique

À la Renaissance se produit le basculement du rapport de force entre terre et mer : le temps des grands progrès techniques ouvre « l'ère de l'Atlantique ». La mise au point de la caravelle, le développement d'une véritable science de la navigation – symbolisée par le gouvernail d'étambot et la boussole – permettent aux navigateurs ibériques de se projeter sur des mers encore inaccessibles ou inconnues. Bartolomeu Dias contourne l'Afrique par le cap de Bonne-Espérance fin 1487, dix ans avant Vasco de Gama, Christophe Colomb atteint l'Amérique en 1492 et la flotte de Magellan réalise le premier tour du monde entre 1519 et 1522, en dépit de la mort de son capitaine aux Philippines en 1521. En quarante ans à peine, l'Europe a relié les différents points du globe, posant ainsi les bases de sa domination du monde au moment où la Chine, qui se rêve autarcique et sans colonies, y renonce. Alors que les innovations techniques qui dynamisent l'Europe sont maîtrisées par l'Empire du milieu depuis l'Antiquité, que l'amiral Zheng He a déjà sillonné l'océan Indien et touché les côtes de l'Afrique durant les trois premières décennies du XVe siècle, la construction de navires de plus de deux mâts est interdite dans l'Empire du milieu à partir de 1500 et la flotte existante est incendiée. La Chine tourne le dos au monde. La jonque laisse désormais place à la caravelle.

Les États européens prennent alors rapidement conscience de la capacité de projection mondiale offerte par la mer et entrent en concurrence pour prendre le contrôle des nouveaux flux commerciaux, ce que résume l'axiome de l'explorateur anglais Sir Walter Raleigh (1552-1618) : « Quiconque contrôle la mer contrôle le commerce ; quiconque contrôle le commerce mondial contrôle les richesses du monde, et conséquemment le monde en soi. » De ce grand jeu maritime, le Royaume-Uni sort victorieux et ouvre l'ère de l'océan mondial.

L'ère de l'océan mondial

La stratégie anglaise d'affrontement direct entre armadas, la guerre d'escadre, domine les tactiques navales concurrentes comme la traditionnelle guerre de course française qui vise principalement les navires marchands de l'ennemi (voir encadré). Une fois la maîtrise des mers assurée, les bâtiments britanniques peuvent en effet interdire la navigation à d'autres marines, imposer un blocus autour des centres névralgiques du commerce que sont les ports, et ainsi asphyxier rapidement l'économie de l'adversaire. C'est de cette manière que Londres sort vainqueur du conflit avec l'empire napoléonien au début du XIXe siècle,

Armada, guerre d'escadre, guerre de course

L'« Invincible Armada » est le surnom donné aux cent trente bâtiments de guerre affrétés à la fin du XVIe siècle par le roi Philippe II d'Espagne pour envahir l'Angleterre. Le mot d'« armada » est resté en langue française pour évoquer une puissante flotte militaire, qui permet notamment de mener la guerre d'escadre (affrontement direct entre deux armadas). La traditionnelle guerre de course française, menée par des corsaires, vise quant à elle principalement les navires marchands de l'ennemi pour le priver de revenus et de ravitaillement. Le terme fut également utilisé pour désigner la stratégie allemande de guerre sous-marine menée en Atlantique durant les deux guerres mondiales. Le naufrage du paquebot britannique RMS *Lusitania*, coulé en mai 1915 au large de l'Irlande par un *U-boot* allemand alors qu'il comptait notamment 200 ressortissants américains à son bord, est une des raisons de l'entrée en guerre des États-Unis en avril 1917.

contournant le blocus continental imposé par les Français et instaurant une période de domination maritime de plus d'un siècle. Ensuite, la révolution industrielle entraîne des ruptures profondes dans la construction et la propulsion des bâtiments de guerre. Le bois est délaissé au profit de l'acier et la vapeur s'impose face à la force imprévisible d'Éole, le maître grec des vents. Les « forteresses navales » britanniques, comme les cuirassés et les croiseurs de la seconde moitié du XIXe et du début du XXe siècle, dominent désormais les océans. Le Royaume-Uni devient un empire sur lequel le soleil ne se couche jamais et met en place la première véritable économie-monde de l'histoire. À la veille de la Première Guerre mondiale, Londres règne sur 22 % des terres émergées…

La période englobant les deux guerres mondiales se caractérise par la dissymétrie du rapport de force entre terre et mer, et le combat des belligérants pour prendre l'ascendant. Le maître de la terre, l'empire continental allemand, cherche, en menant une guerre sous-marine à outrance en Atlantique, à casser les lignes de ravitaillement des Alliés, maîtres des mers. Ces derniers optent en retour pour une stratégie de blocus, utilisant à leur tour l'arme du sous-marin, notamment à partir de 1942, pour couper les liaisons entre le Japon et ses conquêtes continentales. Les liaisons maritimes sont assurées par l'organisation de convois escortés – c'est l'épopée des fameux *Liberty ships* – tandis que l'on multiplie les débarquements pour inverser le rapport de force à terre. Si l'aventure des Dardanelles est un échec en 1915, les opérations menées lors de la Seconde Guerre mondiale sur les façades méditerranéenne – Afrique du Nord, Sicile, Provence –, atlantique – l'opération *Overlord* en Normandie –, comme dans le Pacifique – îles de Guam, Iwo Jima, Okinawa… – sont de pleins succès.

Avec les deux guerres mondiales s'achève la guerre d'escadre, celle des grands combats navals. Désormais, les bâtiments militaires visent prioritairement l'action contre la terre. Les forteresses navales de la première moitié du XXe siècle quittent progressivement le devant de la scène au profit de trois nouveaux navires décisifs : les *capital ships*.

Le porte-avions, tout d'abord, permet d'approcher au plus près des côtes pour frapper l'adversaire à l'intérieur des terres, en ses points les plus névralgiques. C'est également un outil dissuasif de premier ordre : Henry Kissinger, secrétaire d'État américain de 1973 à 1977, ne clamait-il pas qu'un porte-avions, « c'est 100 000 tonnes de diplomatie » ? Le sous-marin d'attaque, à propulsion conventionnelle puis nucléaire (SNA), devient, lui, l'arme de dissuasion par excellence grâce à sa discrétion et son aptitude à frapper par surprise des cibles navales comme terrestres. À partir des années 1950, l'utilisation de l'énergie nucléaire pour la propulsion de certains bâtiments augmente leur capacité de permanence à la mer. En parallèle, la multiplication des missiles de croisière navals, qui peuvent également embarquer des têtes atomiques, vient renforcer les capacités de « frappes dans la profondeur » sur le continent. La combinaison de ces deux éléments est illustrée par l'émergence des sous-marins nucléaires lanceurs d'engins (SNLE). Enfin, le bâtiment d'assaut amphibie, souvent porte-hélicoptères, est un *capital ship* de second rang : il a la capacité de transporter des troupes en nombre et de les débarquer sur les littoraux, au plus près des forces adverses.

La fin du second conflit mondial a aussi redistribué les cartes de la puissance, États-Unis et URSS devenant les maîtres des mers, avant que la fin de la guerre froide ne laisse en lice que les premiers. Mais pour combien de temps ?

Aujourd'hui l'oncle Sam, demain l'oncle Mao ?

L'*US Navy* est aujourd'hui ultra-dominatrice sur les océans : avec près de 300 bâtiments, elle égalise, en tonnage, les formats des six marines suivantes. Elle détiendra en 2025 un large spectre de navires de guerre avec 11 porte-avions à propulsion nucléaire, 11 bâtiments amphibies, 14 SNLE et 58 SNA. La présence de bases navales et de points d'appui sur l'ensemble des océans, et plus précisément à proximité des grands axes maritimes, lui permet d'agir rapidement en cas de tensions ou de conflit. Elle est à ce jour la seule marine à pouvoir déployer immédiatement un groupe aéronaval dans n'importe quel océan du globe. L'augmentation des capacités des missiles de croisière navals permet à l'*US Navy* de pouvoir potentiellement cibler l'essentiel de la population mondiale. Avec le missile Tomahawk, seul le désert de Gobi, aux confins de la Russie, de la Mongolie et de la Chine, resterait encore inatteignable…

Depuis le début de la décennie, la marine américaine réalise un rééquilibrage de ses forces vers le Pacifique pour y stationner 60 % de ses bâtiments d'ici à 2020 : la montée en puissance de la Chine inquiète.

Outils de puissance navale dans le monde (échéance 2025)

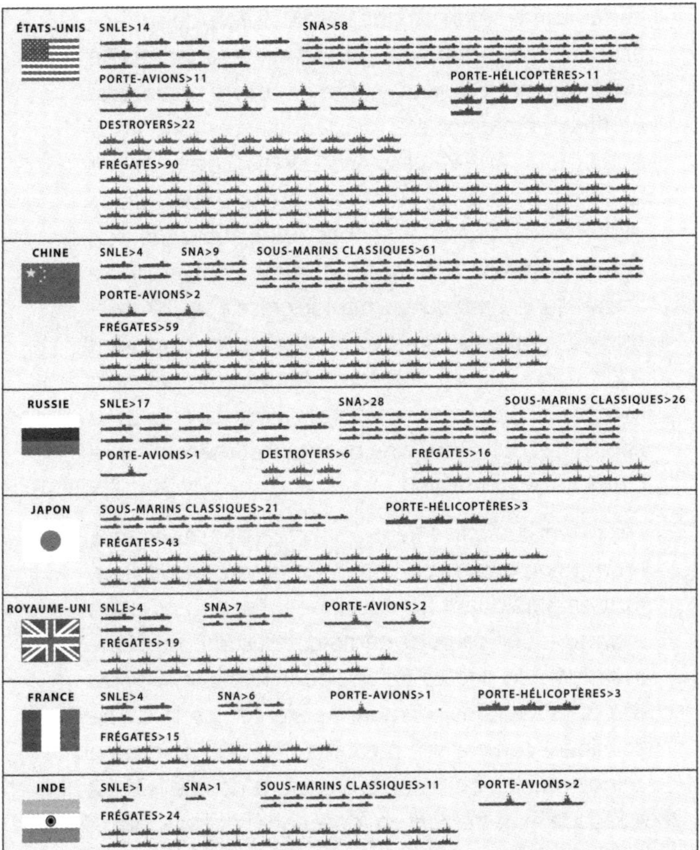

Troisième flotte au monde en termes de tonnage, la marine de l'Armée populaire de libération connaît en effet un vrai saut capacitaire depuis le début du XXIe siècle. Disposant depuis 2012 (date de l'entrée au service actif du porte-avions *Liaoning*) de la triple composante aéronautique navale, forces de surface et forces sous-marines, qui définit les marines de rang mondial, elle veut mettre en œuvre la stratégie d'influence régionale et de déni d'accès (dite « A2/AD », pour *Anti-Access/Area Denial*) promue par le commandant Liu Huaqing, grand acteur de sa modernisation dans les années 1980, autour de trois chaînes d'îles dans le Pacifique ouest. Première force sous-marine d'attaque au monde grâce à ses 70 sous-marins, conventionnels et nucléaires, et disposant à l'horizon 2025 d'une soixantaine de frégates, la marine chinoise cherche progressivement à empêcher l'accès des mers de Chine orientale et méridionale à l'*imperator* américain.

Pékin tend effectivement à sanctuariser ses liaisons maritimes, vitales pour son commerce extérieur, tout en appliquant un « partage » des océans à son avantage. Son corps de garde-côtes, composé d'une multitude de petites unités, pourchasse les navires des pays riverains naviguant dans ce que la Chine considère comme son pré carré. Au-delà, la marine chinoise multiplie les points d'ancrage dans le Sud-Est asiatique et se déploie en force dans l'océan Indien : au Cambodge, en Birmanie, au Bangladesh, au Sri Lanka ou encore au Pakistan… Après la France et les États-Unis, elle est la troisième marine à disposer d'une base à Djibouti, sur la mer Rouge, et son pavillon flotte aussi désormais en Méditerranée. Son programme de pétroliers-ravitailleurs de 40 000 tonnes, bâtiments de soutien spécialement taillés pour les porte-avions, est précisément destiné à assouvir une volonté grandissante de projection de puissance au grand large. Dans cette dynamique, la marine de l'Armée populaire de libération a mis à l'eau son premier porte-avions de construction nationale en avril 2017 (le *Liaoning* étant à l'origine un ancien bâtiment soviétique inachevé, qui a été ensuite restauré et complété en Chine). L'admission au service actif de ce deuxième porte-avions chinois est prévue pour 2019.

Dans ce panorama, n'oublions pas la Russie. Perpétuant la division entre flotte du Nord, flotte de la Baltique, flotte de la mer Noire et flotte du Pacifique, le Kremlin alloue aujourd'hui à sa marine, toujours deuxième au monde en termes de tonnage, un budget en constante hausse pour moderniser les bâtiments en service et lancer de nouveaux programmes. Poursuivant sa quête d'accès aux mers libres de glaces – les fameuses « mers chaudes » – tout en bénéficiant à nouveau de points d'ancrage en Syrie et au Vietnam, sans compter la base de Sébastopol en mer Noire, la marine russe est de retour sur l'échiquier océanique. Moscou ne néglige pas l'Arctique pour autant, où les découvertes d'hydrocarbures se mêlent aux enjeux des passages du Nord-Ouest et du Nord-Est, ce qui en fait, dans un futur proche, une zone stratégique pour la navigation des navires et la production énergétique. La flotte russe s'inscrit dans le prolongement de sa devancière soviétique en continuant à mettre l'accent sur ses forces sous-marines, le format, à l'échéance

2025, prévoyant plus de 50 sous-marins d'attaque, conventionnels et nucléaires, et 17 SNLE.

De leur côté, les marines britannique et française sont loin d'être négligeables. Disposant de points d'appui dans tous les océans, elles possèdent les outils aériens, de surface et sous-marins nécessaires pour s'assurer une place de choix sur la scène maritime internationale. La *Royal Navy* alignera prochainement deux porte-aéronefs et la France, grâce à ses départements et collectivités d'outre-mer, possède les bases navales permettant à la Marine nationale d'assurer une présence permanente à la mer. Car si l'on veut durer en mer, encore faut-il disposer de points d'appui répartis le long des côtes, à proximité des voies maritimes stratégiques, telles que les détroits de Gibraltar et de Malacca, ou encore les canaux de Suez et de Panama. Ces deux marines sont aujourd'hui lancées dans un plan de modernisation de leur flotte qui passe, pour la Marine nationale notamment, par des programmes de construction de nouveaux bâtiments de surface, avec l'exemple des frégates multi-missions (FREMM) et des futures frégates de taille intermédiaire (FTI). Mais c'est surtout la maîtrise de la technologie nucléaire qui leur permet de garantir à tout moment leur doctrine de dissuasion, avec au moins un SNLE sur quatre à la mer. En cas de conflit ouvert, France et Royaume-Uni peuvent délivrer le feu nucléaire sur un rayon d'action aujourd'hui estimé à 8 000 km.

Toujours plus loin

Face à la multiplication des tensions régionales, la croissance des trafics en mer et la nécessité d'assurer sa souveraineté sur les espaces maritimes concédés par la Convention des Nations unies sur le droit de la mer, une véritable course à l'armement naval est en train de se jouer. Confronté au constant développement de la marine chinoise, le Japon se réarme. Tokyo est engagé dans un bras de fer avec Pékin en mer de Chine orientale. Bien que contrôlées depuis 1895 par le Japon, les îles Senkaku sont revendiquées par la Chine sous le nom de Diaoyutai et Pékin a imposé en 2013 une zone d'exclusion aérienne qui les englobe. Pour faire face à ces tensions grandissantes, la marine japonaise, quatrième du monde, a établi un format de flotte qui repose sur une vingtaine de sous-marins classiques et plus d'une quarantaine de frégates. Malgré des discordes croissantes en mer de Chine orientale, le Japon cherche à garantir ses liaisons maritimes, vitales notamment pour l'importation d'hydrocarbures, quasi inexistants dans l'archipel, et évidemment à peser dans le « siècle du Pacifique » qui s'annonce. Ajoutons que le pays s'est donné depuis 2015 une plus grande liberté d'interprétation de sa Constitution de 1947, alors dictée par les États-Unis, autorisant l'intervention de ses forces armées d'autodéfense à l'étranger en soutien de ses alliés.

Le Japon n'est pas un cas unique : les pays d'Asie du Sud-Est sont eux aussi en première ligne face aux ambitions chinoises et aux revendications riveraines en mer de Chine méridionale. Ils multiplient donc les contrats d'armement, notamment pour l'achat de sous-marins, afin de développer leurs capacités de dissuasion et de surveillance et ainsi peser davantage sur la scène maritime régionale. Plus à l'ouest, si l'Inde investit fortement dans ses forces navales, c'est avant tout pour s'affirmer dans ce qu'elle considère comme son arrière-cour : l'océan Indien. Véritable boulevard des hydrocarbures reliant le Moyen-Orient et l'Asie, c'est aussi dans cette zone que la stratégie chinoise du « collier de perles » pèse davantage. L'*Indian Navy* mise sur le développement de sa force sous-marine et accroît dans le même temps sa force aéronavale pour mieux se déployer dans son pré carré historique.

Qu'est-ce que la stratégie du « collier de perles » ?

Appliquée par Pékin en Asie du Sud-Est et dans l'océan Indien, elle consiste à multiplier les points d'ancrage des marines commerciale et militaire chinoises dans les ports étrangers, par le rachat ou la location d'infrastructures, afin de sanctuariser les liaisons maritimes avec les pays du Moyen-Orient et de l'Union européenne : les premiers sont exportateurs d'hydrocarbures quand les seconds constituent des consommateurs de masse. Quant aux facilités d'accès obtenues par la Chine au Cambodge, en Birmanie, au Bangladesh, au Sri Lanka ou au Pakistan, elles témoigneraient également de la volonté d'encercler le rival indien.

Plus près de nous, en Méditerranée orientale et dans le golfe Arabo-Persique notamment, des conflits historiques de souveraineté sont ravivés par la multiplication des découvertes de champs d'hydrocarbures *offshore*. Les marines de pays développés, dont l'économie repose en grande partie, pour plusieurs d'entre eux, sur la rente énergétique ou qui souhaitent réaffirmer leur puissance régionale, renforcent leurs capacités de projection. La Turquie, l'Égypte, l'Arabie Saoudite, l'Iran, voire Israël, inaugurent ainsi de nouveaux porte-hélicoptères, bâtiments amphibies ou frégates... Si ces nations disposent toutes de sous-marins d'attaque conventionnels, les marines turque et égyptienne cherchent à être plus présentes au grand large par l'admission respective au service actif d'un et deux porte-hélicoptères. On observe aujourd'hui une augmentation non négligeable du nombre de bâtiments de guerre, dans une région stratégique où les tensions restent vives.

Les marines d'Afrique et d'Amérique latine ne sont pas en reste. Pour elles, il s'agit avant tout de contrôler leurs propres espaces maritimes, et notamment les richesses de leurs zones économiques exclusives. Les marines du Maghreb sont engagées dans une démarche similaire à celles de Méditerranée orientale, même si leurs équipements ne sont pas du même ordre. En Afrique subsaharienne, l'Afrique du Sud, le Mozambique et l'Angola augmentent leurs flottes de surface pour défendre leurs réserves d'hydrocarbures *offshore* et leurs ressources halieutiques, notamment face aux actes de piraterie qui sévissent dans la région. La dynamique est comparable en Amérique du Sud. Outre le Brésil, qui cherche à défendre ses richesses en Atlantique, son « Amazone bleu », l'Argentine et le Chili maintiennent des capacités navales les classant dans le top 20 des marines mondiales, quand la surpuissance américaine sur les mers ne dissuade plus les autres pays de la région d'investir davantage dans leur défense maritime.

Désormais arme de référence, après avoir été le joyau des grandes puissances, la démocratisation du sous-marin est à l'image de l'accélération récente de la course à la mer. Les marines qui en étaient jusqu'alors privées s'immergent aujourd'hui dans le monde du silence et les bâtiments noirs naviguent désormais sous toutes les mers du globe. Il est, par excellence, l'arme du faible face au fort, permettant ainsi à des marines de petit tonnage d'assurer une stratégie de dissuasion à proximité de leurs approches maritimes. L'accroissement des tensions, les évolutions techniques dans la construction navale, l'armement et l'observation spatiale, la mondialisation des échanges et l'intérêt grandissant pour les ressources du milieu marin ne pourront que s'amplifier dans les décennies à venir : la course à l'armement naval n'est pas près de s'arrêter…

Chapitre 5

La « révolution verte » sera-t-elle bleue ?

Vincent Themelin

La mer a toujours nourri les hommes. Mais, pour faire face à l'explosion démographique en cours – les estimations annoncent près de 10 milliards d'individus en 2050 –, de nouvelles formes d'exploitation de ses ressources sont apparues. Aquaculture et algoculture sont venues s'ajouter à la pêche, tandis que les méthodes de dessalement de l'eau de mer se sont développées pour répondre au stress hydrique. Et si l'océan nous nourrit depuis des millénaires et nous désaltère depuis peu, demain peut-être nous soignera-t-il…

Mer nourricière

Le monde connaît depuis la première révolution industrielle une croissance démographique soutenue. La barre du milliard d'individus a ainsi été franchie en 1800 puis, pendant les années 1930, celle des deux milliards. Aujourd'hui, nous sommes plus de 7,5 milliards d'humains et ce chiffre va encore croître, porté notamment par la poussée démographique des sociétés asiatiques et africaines. Or cette augmentation inouïe de la population mondiale n'est pas sans conséquences sur les réserves alimentaires que recèle la Terre. Si le nombre d'habitants dans le monde a progressé annuellement de 1,6 % durant les cinquante dernières années, l'exploitation des ressources halieutiques a, quant à elle, augmenté en moyenne de 3 % : notre régime alimentaire « moyen » semble donc reposer de plus en plus sur les produits de la mer (source : FAO,

La situation mondiale des pêches et de l'aquaculture, 2016, comme pour les autres chiffres cités dans ce chapitre, sauf mention contraire).

L'homme s'est très tôt tourné vers les océans pour y puiser sa nourriture. Certaines civilisations, comme au Japon, ont d'ailleurs développé un régime alimentaire essentiellement issu des produits de la mer, ce qui n'est pas sans effet sur l'organisme. Des chercheurs français ont ainsi observé que la population locale avait développé au fil des siècles une flore intestinale adaptée à une meilleure digestion de ces produits, notamment de la *porphyra*, l'algue utilisée pour recouvrir les sushis (*Nature*, n° 464, 2010). En Occident, la consommation du poisson était réservée par la tradition religieuse aux vendredis et aux jours maigres.

Mais que ce soit par nécessité ou par tradition, le marin a longtemps pratiqué une pêche de proximité, gardant toujours un œil fixé sur le rivage pour éviter de dériver et être emporté vers des eaux inconnues. À l'instar de l'agriculture, cette pratique a elle aussi évolué, toujours contrainte par les besoins – puis les goûts – alimentaires d'une population mondiale en constante croissance. À partir du Moyen Âge se développe progressivement la « grande pêche », pratiquée en haute mer et spécialisée dans la capture de certaines espèces de cétacés comme la baleine franche. Ce sont alors des périples de plusieurs semaines, au cours desquels les marins sont confrontés à la nature hostile et imprévisible des océans, pour ramener des prises conservées dans du sel.

Moby Dick, la plus littéraire des baleines

Publiée en 1851, l'œuvre la plus connue de l'écrivain américain Herman Melville raconte la chasse d'un cachalot blanc, baptisé Moby Dick, par le baleinier *Péquod*, commandé par le capitaine Achab. Aujourd'hui considéré comme l'un des romans les plus importants de la littérature anglo-saxonne, *Moby Dick* soulève, à travers l'épopée de cette chasse à la baleine, de nombreuses questions universelles interrogeant la morale, la religion, la société et la place de l'homme dans l'univers.

Depuis la fin de la Seconde Guerre mondiale, la pêche a connu trois évolutions majeures. La démocratisation du chalut, grand filet caractérisé par sa forme en entonnoir et tracté par un ou deux navires, a abouti à une augmentation significative du nombre de prises. En parallèle, les techniques de géolocalisation et de repérage des bancs de poissons, notamment grâce au sonar et au GPS, se sont développées, permettant de jeter ses filets au bon endroit et au bon moment. Enfin, le froid a remplacé le sel dans la conservation des prises, autorisant à rester en mer plus longtemps. La conjugaison de ces trois éléments a donné naissance dans les années 1960 aux chalutiers de grande pêche, dont l'image la plus connue est celle des « navires-usines » soviétiques qui sillonnaient à l'époque toutes les mers de l'hémisphère Nord. Dès la décennie suivante, la pêche mondiale représente en moyenne plus de 60 millions de tonnes par an.

La période qui suit, entre le début des années 1980 et le milieu des années 1990, est considérée comme celle de la « révolution halieutique ». L'augmentation de la population mondiale et du niveau de vie accroît la demande internationale de poisson. Au début des années 1990, les prises s'élèvent en moyenne chaque année à plus de 90 millions de tonnes – 95 millions en 1995, un record inégalé depuis. L'épopée du *Vieil homme et la mer* d'Ernest Hemingway est désormais bien loin… On commence alors à songer à multiplier et développer les techniques de pêche, à aller plus loin au large, plus profond aussi.

Le défi du siècle

Aujourd'hui, d'après la FAO, trois milliards d'individus dépendent au quotidien des ressources halieutiques, entre 660 et 880 millions directement pour leur subsistance. En effet, les océans sont la plus grande source de protéines animales pour les hommes. Et si le poisson en est particulièrement riche, il n'est pas non plus dépourvu de vitamines A, B et D, d'acides gras ou de micronutriments essentiels. Depuis 2014, la moyenne mondiale de consommation de poisson par personne et par an a dépassé pour la première fois les 20 kg, contre 10 kg à peine il y a 50 ans.

En termes géographiques, la majorité des réserves halieutiques mondiales se trouve à proximité des littoraux, dans les eaux froides et peu profondes des plateaux continentaux. L'hémisphère Nord, qui comprend les deux tiers des terres émergées, est ainsi privilégié dans la répartition des ressources marines. Les eaux de l'hémisphère Sud se caractérisent quant à elles par des températures plus élevées et une profondeur plus importante… à l'exception du Chili et du Pérou, deux des plus grands pays pêcheurs de la planète qui bénéficient d'eaux tempérées et régulées par le courant *El Niño*. Néanmoins, la Chine, située dans l'hémisphère Nord, reste le premier producteur, consommateur et exportateur mondial de poisson – 14 % des exportations totales ! Viennent ensuite l'Indonésie, les États-Unis, la Russie, le Japon, le Pérou, l'Inde… Le constat est là : les dix premiers pays pêcheurs du monde, dont six sont asiatiques, comptabilisent à eux seuls 60 % des captures. Cependant, c'est dans les pays pauvres et en développement que se situe la grande majorité des 60 millions de travailleurs du secteur. Ainsi, 90 % des pêcheurs à travers le monde sont considérés comme artisans et se concentrent principalement dans des pays du Sud, dont le régime alimentaire repose en grande partie sur les produits de la mer.

Les prévisions de la FAO sur la croissance démographique mondiale estiment à 2,5 milliards d'individus l'augmentation de la population d'ici 2050 par rapport à aujourd'hui. Conjuguée au développement économique et à l'élévation du niveau de vie dans la majorité des pays, cette croissance va indubitablement provoquer une hausse de la demande alimentaire

La mer, eldorado alimentaire

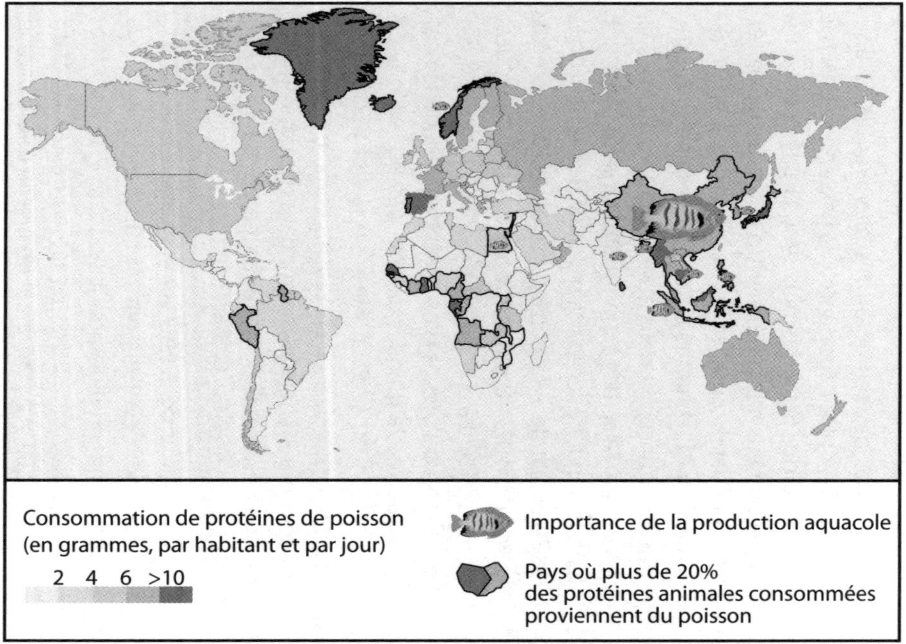

Source : FAO.

mondiale – évaluée à 60 % sur le même laps de temps. Pour subvenir à ces besoins, le rôle de la mer va être essentiel. Cent millions de tonnes de poissons supplémentaires seront nécessaires pour répondre à ce défi, parmi lesquelles 5 à 16 millions pourront être assurées par la pêche (voir Cyrille P. Coutansais, dir., *La Terre est bleue*, Les Arènes, 2015). Toutefois, les stocks doivent faire l'objet d'une meilleure gestion. Interdiction des rejets des restes de poisson, meilleure sélection des espèces… : le temps est venu de rechercher un « rendement maximum durable ». À l'heure actuelle, si 70 % des stocks relèvent d'une pêche qualifiée de durable, les 30 % restants sont considérés comme surpêchés.

Le grand fléau de cette activité demeure la pêche INN (illicite, non déclarée et non réglementée). Dans le golfe de Guinée notamment, des études récentes ont estimé que 40 % des captures sont pratiquées illégalement (*Le Monde*, 17 décembre 2016). Alors que les techniques et zones de pêches ne cessent d'être réglementées, certaines espèces, en particulier dans les grands fonds, au cycle de croissance très lent et à la reproduction plus rare (thon rouge, mérou, merlu, raie…), sont menacées d'extinction. L'aquaculture semble de ce point de vue en mesure d'apporter des solutions.

Domestiquer la mer

Beaucoup l'ignorent, mais plus de 50 % du poisson consommé dans le monde à l'heure actuelle est issu de l'élevage et non de la capture. Ce pourcentage ne cesse d'augmenter. En 2012, la production aquacole mondiale a d'ailleurs franchi la barre des 66 millions de tonnes, dépassant pour la première fois la production de viande bovine.

Ce dépassement historique est dû à une croissance soutenue de plus de 8 % par an depuis une quarantaine d'années. L'aquaculture est ainsi le secteur de production alimentaire qui a progressé le plus rapidement sur cette période : elle pourrait fournir les 100 millions de tonnes supplémentaires de poisson nécessaires d'ici 2050. Et c'est une fois de plus les pays asiatiques qui se trouvent à la pointe du défi aquacole. Région la plus peuplée au monde, l'Asie concentre également les plus grands pays pêcheurs, éleveurs et consommateurs de poisson. La Chine possède par exemple une tradition aquacole deux fois millénaire et assure, à elle seule, près des deux tiers de la production mondiale actuelle (62 % en 2014).

La quantité n'est cependant pas le seul défi du secteur. Qualité et variété sont également recherchées pour satisfaire les palais les plus exigeants. Carnivores, le saumon et le thon sont des espèces particulièrement appréciées des consommateurs… mais comptent aussi parmi les plus onéreuses ! Élevés en cage ou en bassin, les bars, daurades, tilapias, coquilles Saint-Jacques, crevettes, crabes, huîtres, moules et autres spécimens remplissent allègrement les étals des poissonniers. Et n'oublions pas non plus les algues, cultivées depuis de nombreuses années, qui, si elles ne font pas encore l'unanimité dans les pratiques alimentaires occidentales, régalent toutefois les Asiatiques.

Secteur d'avenir, l'aquaculture semble en outre être à même de constituer une alternative durable aux techniques de pêche parfois peu respectueuses de l'écosystème marin. Mais si cette activité semble être une réponse efficace à de nombreux problèmes environnementaux, elle possède également des aspects négatifs. La majorité des élevages sont nourris de petits poissons, les « petits pélagiques » (anchois, sardines, maquereaux...), vivant dans les eaux proches de la surface et eux-mêmes surpêchés pour subvenir à la demande des fermes aquacoles... En Méditerranée, ces « poissons bleus » représentent ainsi 50 % des prises (CNRS, communiqué de presse du 15 mars 2016). Souvent pratiquée de manière intensive, l'aquaculture ne respecte pas toujours les normes d'élevage. Si l'opinion peut s'offusquer des pratiques de gavage des oies ou d'élevage des poulets en batterie, les poissons subissent parfois le même sort. Entassés dans des bassins, ils se blessent fréquemment et des épidémies peuvent se propager facilement. Ce fut le cas en juillet 2007, lorsqu'un virus a décimé les populations de saumons du Chili, considéré alors comme l'un des plus grands pays salmonicoles du monde. Moins d'un an après le début de l'épidémie, les saumons avaient contaminé d'autres espèces, provoquant l'élimination de tous les animaux malades et la fermeture de plus de la moitié des fermes aquacoles du pays. De plus, les poissons et autres organismes élevés peuvent également subir des transformations génétiques afin d'améliorer leur croissance et leurs qualités gustatives… Heureusement, de nouvelles techniques apparaissent afin de favoriser une aquaculture durable, plus respectueuse de l'environnement.

Des fermes aquacoles canadiennes ont ainsi développé la pratique de l'aquaculture multitrophique intégrée (AMTI), qui consiste à élever et cultiver plusieurs organismes marins – en général des poissons, des coquillages, des mollusques et des algues – dans un espace défini et reproduire ainsi, à échelle réduite, le principe de la chaîne alimentaire. Les poissons, nourris par l'éleveur, rejettent des déchets qui sont ensuite filtrés par des coquillages élevés à proximité. Ceux-ci transforment le tout en nutriments qui alimenteront des mollusques ; les algues, enfin, absorbent et filtrent l'azote rejeté par tous les organismes présents et purifient l'eau en dégageant de l'oxygène. Si l'AMTI est propre aux élevages en eau de mer, le principe d'aquaponie, lui, s'adapte davantage aux fermes aquacoles continentales. Particulièrement développé ces dernières années en Asie, et notamment en Chine, ce principe consiste à élever des poissons près de rizières.

Les déchets rejetés par les poissons, filtrés par des bactéries et transformés en nutriments, servent ainsi d'engrais pour la culture du riz. L'eau, oxygénée par la plantation, est ensuite utilisée pour l'élevage. Ces techniques durables se développent rapidement et laissent présager de beaux jours pour l'aquaculture.

Un peu de sel dans nos verres…

L'océan est la source de la vie. Il nous permet tout d'abord de respirer : la majorité de l'oxygène que nous inspirons est produite par du phytoplancton, un organisme végétal présent dans la mer. Ensuite, par la pêche et l'aquaculture, il nous nourrit. Enfin, depuis peu, il nous désaltère ! À l'heure où de plus en plus de régions du monde sont en état de stress hydrique, où le réchauffement climatique assèche nos lacs et nos rivières, l'océan nous apporte une solution. Il contient en effet 97 % de l'eau présente sur la planète, soit 1 370 millions de km^3 d'eau… salée.

Étonnamment, la Terre contient une quantité d'eau douce suffisante pour désaltérer l'ensemble de la population mondiale, mais celle-ci est inégalement répartie. Certains pays comme le Canada, le Chili ou la Nouvelle-Zélande, terres de montagnes et de glaciers, bénéficient d'excédents hydriques considérables : leur « disponibilité en eau » est estimée à 50 000 m^3 par personne et par an. À l'inverse, d'autres régions du globe connaissent une situation opposée : le Maghreb, les pays du Golfe et l'Asie centrale (Afghanistan,

Stress hydrique et dessalement dans le monde

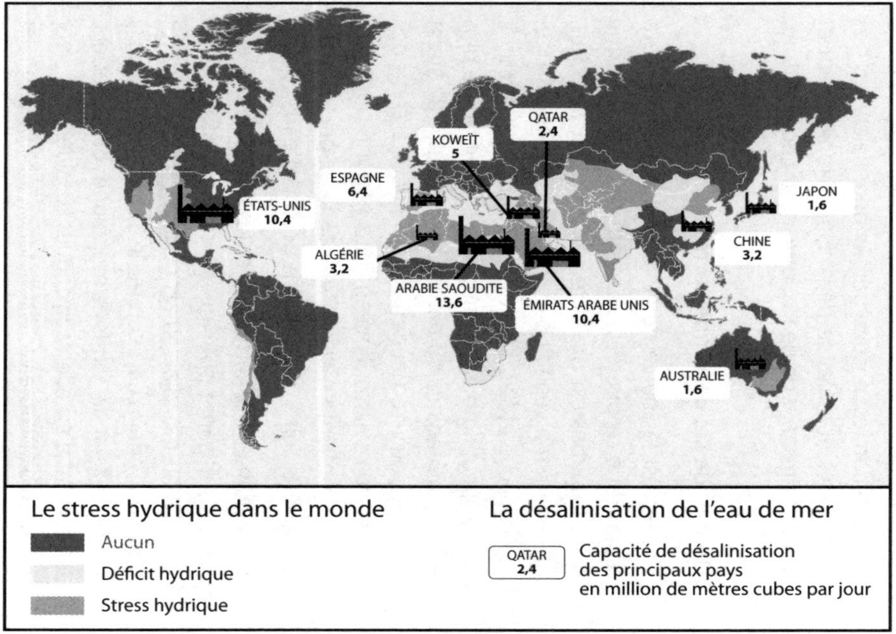

Source : La Terre est bleue, op. cit.

Turkménistan, Tadjikistan, Kirghizistan...) ont ainsi des disponibilités estimées en eau inférieures à 1 000 m^3 par personne et par an (les chiffres de cette section sont issus de *La Terre est bleue*, *op. cit.*, p. 72 *sqq*). Or, l'Organisation mondiale de la santé considère qu'une région souffre de stress hydrique lorsque ses ressources en eau sont inférieures à 1 700 m^3 par personne et par an. Lorsque ces dernières sont inférieures à 1 000 m^3, on parle alors de déficit hydrique ou de pénurie d'eau.

Le problème de l'accès à l'eau potable est donc crucial pour les générations actuelles, et plus encore pour celles à venir. À l'heure où plus de 70 % de la population mondiale vit sur les littoraux, à moins de 80 kilomètres de la mer, la solution est peut-être à portée de main. Selon l'OCDE, 40 % de la population mondiale sera soumise au stress hydrique en 2050, soit potentiellement quatre milliards d'individus. Au début du XXIe siècle, ils étaient près de trois fois moins nombreux. Le lien entre le peuplement globalisé des littoraux et le développement de techniques de dessalement de l'eau de mer, pour la rendre propre à la consommation, permet d'imaginer que cette méthode, encore locale, puisse se généraliser. Déjà, les usines de dessalement se multiplient à travers le monde : on en compte 17 000 en 2017, réparties dans plus de 150 pays. Deux techniques sont utilisées.

Le procédé de distillation, tout d'abord, consiste à chauffer de l'eau de mer pour produire de la vapeur d'eau et isoler le sel. La condensation de cette vapeur d'eau permet ensuite d'obtenir de l'eau douce. C'est, en somme, la reproduction du cycle de l'eau et des pluies. Procédé de dessalement le plus ancien, la distillation reste néanmoins une importante consommatrice d'énergie et rejette par conséquent beaucoup de CO_2. Avec un coût au mètre cube estimé entre 0,7 et 1,8 euro, on y a notamment recours dans les pays producteurs de pétrole et de gaz (*Le Monde*, 15 mai 2008). L'Arabie Saoudite et les pays du Golfe qui l'ont adoptée produisent ainsi un tiers des eaux dessalées dans le monde. Il arrive parfois, comme dans le cas de Fujaïrah, aux Émirats Arabes Unis, que de grandes usines hybrides utilisent le procédé de distillation avec une seconde technique de désalinisation : l'osmose inverse.

Ce procédé consiste à faire passer l'eau de mer, sous forte pression, à travers des membranes semi-perméables qui retiennent le sel et laissent passer l'eau douce. Cette technique, relativement récente, est en pleine expansion en raison de son faible coût, estimé entre 0,4 et 0,8 euro par mètre cube. Mais les conséquences écologiques restent toutefois importantes : avec ce procédé, la quantité d'eau devenue potable est moindre ; les reliquats, désormais fortement salés, sont ensuite rejetés à terre et rendent arides et incultivables les sols situés à proximité. En mer, ces surplus donnent naissance à des zones de trop forte concentration en sel pour que l'eau puisse être à nouveau traitée et ne sont pas sans effet sur les écosystèmes concernés. Le système de l'osmose inverse représente aujourd'hui les deux tiers des eaux dessalées dans le monde, il est employé aux États-Unis, en Chine, en Espagne, en Algérie... Malgré un marché très concurrentiel entre les entreprises occidentales et asiatiques, contribuant à faire baisser le prix de l'eau transformée, le dessalement reste à l'heure actuelle un procédé encore trop cher pour être utilisé dans l'agriculture et être généralisé dans les États en développement.

... et demain, dans nos médicaments ?

Les algues ont le vent en poupe. Qu'elles soient brunes, rouges ou vertes, elles représentent aujourd'hui un quart de la production aquacole mondiale. Hautement nutritives car riches en acides gras, oligoéléments, vitamines et minéraux – notamment en magnésium, calcium et phosphore –, elles sont, pour les trois quarts d'entre elles, directement destinées à l'alimentation. Rappelons que contrairement à la totalité des plantes terrestres, elles contiennent l'ensemble des acides aminés essentiels. Une fois encore, l'Asie est à la pointe du secteur : à sa tête, la Chine « pèse » pour 50 % de la production mondiale d'algues ; elle en est également le premier consommateur, devant le Japon.

Connus en Asie depuis plusieurs siècles, les bénéfices de l'algoculture sont désormais aussi expérimentés en Occident. Trente mille espèces d'algues ont été identifiées pour le moment, dont une cinquantaine est directement comestible. Si la France en est aujourd'hui le premier producteur européen avec un volume de 80 000 tonnes, notamment grâce à la région Bretagne où 800 espèces sont recensées et certaines utilisées comme combustible ou engrais, l'Hexagone importe chaque année 120 000 tonnes d'algues du Chili, des Philippines et de Tanzanie. Utilisées dans l'alimentation, les compléments alimentaires ou les cosmétiques, elles jouent également un rôle dans l'industrie pharmaceutique et la médecine, dont les recherches sur les composés de synthèse sont en pleine expansion.

Les algues ne sont pas les seuls éléments prometteurs issus du milieu marin. Les ressources génétiques marines (RGM) dévoilent chaque jour leurs vertus médicamenteuses et pourraient peut-être, à terme, nous guérir du cancer ou du VIH. La recherche dans ce domaine prend en effet de l'ampleur depuis les années 1970. Les molécules suscitant l'intérêt sont souvent des protéines ou des enzymes et leur potentiel cicatrisant, voire curatif, est considéré comme très élevé du fait des évolutions génomiques des espèces, qui vivent dans des conditions océaniques extrêmes comparées à celles observées à terre. Véritable réservoir d'organismes, leur milieu de vie se caractérise par la pression des profondeurs, la variation entre les très basses et très hautes températures des cheminées hydrothermales, l'absence totale de lumière… Mais cette stabilité du milieu marin a aussi permis aux espèces de s'habituer progressivement à leur habitat.

Les RGM sont déjà utilisées dans de nombreux médicaments. C'est le cas du *Conus magus*, un cône des fonds marins qui se sert de son dard neurotoxique, cent fois plus puissant qu'une dose de morphine, pour neutraliser ses proies. La molécule de ziconotide, dérivée de la toxine de cet organisme, est ainsi utilisée dans le médicament analgésique *Prialt*. La pseudoptérosine, molécule issue des coraux, est quant à elle utilisée dans les crèmes cosmétiques pour la peau ; certains actifs contenus dans les micro-algues sont présents dans les crèmes anti-âge. D'autres exemples peuvent être cités : l'hémoglobine des vers tubicoles transporte plus de molécules d'oxygène que l'hémoglobine humaine et permet de fabriquer du sang artificiel et universel – un projet suivi de près par l'armée américaine –, les molécules des éponges peuvent servir dans les traitements anticancéreux, les organismes luminescents sont d'un grand potentiel pour l'imagerie médicale et le venin de certains coquillages peut être reproduit pour développer des antidouleurs…

Cet intérêt croissant pour les ressources génétiques marines débouche aujourd'hui sur une véritable course au brevet. Contrairement à celles destinées à l'alimentation, il est possible de reproduire en laboratoire la culture d'un organisme : un seul prélèvement permet d'avoir accès à l'ensemble du code génétique. Mais l'identification et le développement d'une molécule demandent un investissement important, qui doit être conforté en retour par une rentabilité, donc un monopole d'exploitation. À l'heure actuelle, plus de 18 000 produits d'origine marine ont été identifiés et près de 5 000 brevets associés à des gènes issus du milieu marin ont été déposés. Ces derniers sont en augmentation en moyenne de 12 % par an. Mais seules 12 % des espèces marines sont connues à ce jour, soit 220 000 espèces sur un total estimé à 1,8 million (voir *La Terre est bleue*, *op. cit.*, p. 78). Le champ d'exploration et d'exploitation est donc vertigineux.

Que l'on évoque les ressources alimentaires, biologiques ou l'« or bleu », les richesses de l'océan font aujourd'hui l'objet d'une véritable course. Pêcheurs, entreprises et États cherchent à faire main basse sur ces nouveaux trésors marins. Et qui sait si l'océan ne nous cache pas encore d'autres bienfaits ? Reste désormais à exploiter ce patrimoine de manière plus durable…

Chapitre 6

Un eldorado fragile

Camille Bega

Si la mer peut apparaître comme un véritable eldorado, celui-ci reste fragile, les promesses qu'il recèle pouvant se révéler n'être que des mirages. En effet, les océans subissent des agressions multiples et variées, qui pèsent de plus en plus sur leurs écosystèmes. Certaines sont d'ores et déjà combattues – surpêche, espèces invasives –, tandis que d'autres attendent de l'être – extractions de sable. Les effets du changement climatique, enfin, nécessitent une action durable.

Surpêche : vers le règne des méduses ?

Et si les méduses dominaient de nouveau les mers ? Elles y ont régné des millions d'années avant que des prédateurs munis d'arêtes, de coquille ou de dents ne viennent réguler leur population. De nos jours, elles prolifèrent – elles représentent, par exemple, 80 % de la faune marine dans les eaux namibiennes… –, parce que précisément les conditions ne leur ont jamais été aussi favorables. Le rejet en mer d'engrais est à l'origine de l'apparition de zones mortes où elles seules peuvent survivre, le réchauffement des eaux leur évite des hivers fatals, mais, plus encore, le nombre de leurs prédateurs ne cesse de baisser.

Maquereau, thon, poisson-lune ou tortue de mer… toutes ces espèces se nourrissant de méduses sont en effet menacées, victimes de la surpêche. Elles laissent le champ libre à ces organismes gélatineux qui existent sous leur forme actuelle depuis au moins

565 millions d'années. Cette pêche inconsidérée n'est pas un phénomène nouveau, et les tentatives pour la réguler, non plus. Ainsi, dans l'entre-deux-guerres, la chasse à la baleine battait son plein dans les mers australes avec des captures exponentielles d'année en année – 22 000 sur la campagne 1929-1930, 30 000 sur la suivante –, provoquant rapidement un épuisement du stock et la signature du premier « Accord international pour la réglementation de la chasse à la baleine » en 1937 (voir Jean-René Vanney, *Histoire des mers australes*, Fayard, 1986). À l'époque, la prise de conscience est encore légère – le Japon capture 46 000 cétacés sur la campagne 1937-1938 –, mais de nos jours la situation a considérablement évolué, et bien au-delà du seul cas des baleines. Les pêcheurs ont en effet compris que leur avenir même était lié à celui de la ressource qu'ils exploitaient et qu'ils devaient se contenter « des intérêts » sans prélever « le capital ». Toute une série d'instruments de régulation a ainsi vu le jour : des organisations régionales de pêche chargées, notamment, de définir des quotas, mais également des politiques de réduction des flottes de pêche, que ce soit au sein de l'Union européenne, au Japon ou encore en Islande.

Si ces efforts ne sont pas unanimes – la Chine par exemple continue de développer ses capacités en la matière –, ils commencent toutefois à porter leurs fruits : le thon rouge est ainsi de retour en Méditerranée comme en Atlantique. Si un tiers des stocks de poissons demeure en situation de surexploitation, la cause n'en est plus forcément la pêche officielle. La pêche illicite, non déclarée et non réglementée, dite INN, est devenue le fléau d'aujourd'hui. Elle représenterait entre 20 et 30 % de l'ensemble des prises mondiales, pour un montant annuel estimé entre 10 et 20 milliards de dollars et concernerait aussi bien le pêcheur artisanal s'adonnant à sa pratique de manière anarchique que les bateaux-usines s'aventurant dans des eaux protégées ou réglementées sans autorisation ou prélevant bien plus que le quota autorisé (voir CESM, *Brèves marines*, n° 200, avril 2017).

La lutte contre ce type de pratiques n'est pas aisée et nécessite des moyens opérationnels comme juridiques. Ainsi, en Guyane ou dans les Terres australes et antarctiques françaises (TAAF), il faut pouvoir surveiller, contrôler, réprimer – et parfois de façon musclée – des contrevenants qui ne se laissent pas arraisonner sans peine. Un autre volet de sanctions consiste à interdire sur le marché les produits issus d'une pêche ne respectant pas les normes en vigueur. L'Union européenne a ainsi mis en place un système de cartons vert, jaune et rouge pour classer les pratiques des pays exportateurs de produits de la mer qui se révèle particulièrement efficace. Il incite en effet les États pointés du doigt, s'ils ne veulent pas se voir fermer l'accès au premier marché au monde, à pratiquer une pêche réglementée.

Espèces invasives :
les passagers clandestins de la mondialisation

Crabes chinois dans la Tamise, méduses américaines en mer Noire, larves de moules zébrées d'origine européenne dans les grands lacs d'Amérique du Nord : le transport maritime charrie d'étonnants passagers clandestins dont les effets sur l'écosystème peuvent être dramatiques. L'introduction de la fameuse méduse américaine a ainsi entraîné une hécatombe chez les anchois de la mer Noire avant que l'équilibre ne soit toutefois rétabli... par une autre introduction accidentelle, celle de *Beroe ovata*, un cténophore se nourrissant précisément de ce type de méduses. Les espèces locales sont bien souvent peu armées pour affronter des envahisseurs qui ont traversé les océans sur les coques ou dans les eaux de ballast de nos porte-conteneurs. On estime aujourd'hui à 7 000 le nombre d'espèces marines – poissons, crustacés, algues, sans compter les virus ou les bactéries – se déplaçant de cette façon chaque jour. Les ballasts sont indispensables à l'équilibre du navire : ils emmagasinent de l'eau à son port de départ pour la rejeter à son port d'arrivée... avec tout ce qu'elle contient. D'après l'Ifremer, plus de dix milliards de tonnes d'eau de ballast sont déplacées chaque année dans le monde par les navires, charriant leurs lots de passagers clandestins. La communauté maritime n'est pas restée sans réaction face à ce problème. En effet, le 8 septembre 2017, la Convention internationale pour le contrôle et la gestion des eaux de ballast et sédiments des navires, issue de l'Organisation maritime internationale, est entrée en vigueur, imposant un traitement de ces eaux avant leur rejet en mer. Cette agence de l'Onu s'était déjà attaquée aux marées noires, exigeant notamment que les pétroliers soient équipés de doubles coques qui ont, depuis, nettement fait reculer les catastrophes comme celles dues aux naufrages de l'*Amoco Cadiz* (1978) ou du *Prestige* (2002). L'explosion de la plate-forme *Deepwater Horizon* en 2010 est cependant venue rappeler que ce risque de pollution est toujours présent. Les conflits peuvent aussi apporter leur écot : en 1991, l'armée irakienne sabote les puits de pétrole du Koweït pour ralentir l'avancée des coalisés provoquant la plus grande marée noire de l'histoire avec près de 1,5 million de tonnes déversées dans le golfe Persique.

Une mer de plastique

Les déchets terrestres parviennent jusqu'à la mer, charriés par les pluies qui lessivent les sols mais aussi les fleuves et autres cours d'eau. On retrouve ainsi près des côtes des déchets solides mais aussi les résidus de nos eaux usées, urbaines comme industrielles. Si, dans les pays développés, l'essentiel des substances polluantes est traité par les stations d'épuration, il n'en est pas de même ailleurs avec des conséquences dramatiques sur la faune et la flore locales. La mer des Caraïbes est par exemple insalubre sur des dizaines

Les cauchemars de la mer

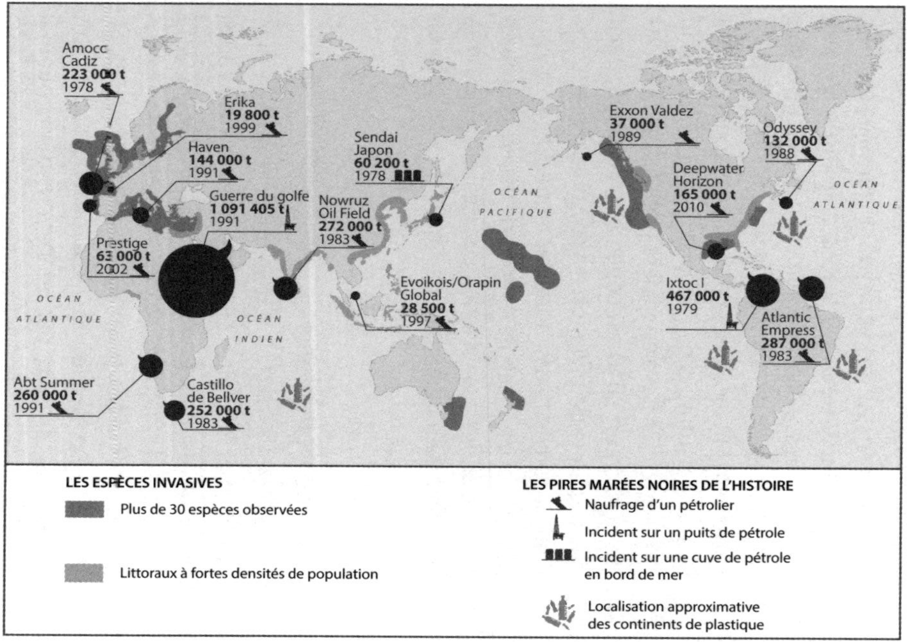

de kilomètres autour de l'embouchure du Rio Magdalena et les images du littoral chinois lors des Jeux olympiques de 2008 ont marqué les esprits : 80 % des déchets industriels y sont aujourd'hui rejetés sans aucun traitement en amont, dans les rivières et les fleuves du pays (voir Christian Buchet, *Le livre noir de la mer*, Éd. du Moment, 2015).

Mais si ces pollutions sont bien connues, il en est d'autres plus pernicieuses encore pour la faune et la flore marines : les résidus de plastiques, dont les cinq mille milliards de particules de toutes tailles voguent au gré des courants et se concentrent, au beau milieu des océans, en de gigantesques vortex, les gyres océaniques (voir une étude publiée par la revue *Plos One*, 2014). Les plus gros des résidus peuvent blesser les animaux marins, ou même les étouffer, quand les plus petits intoxiquent et empoisonnent les poissons ou fruits de mer… qui finissent dans nos assiettes. Le phénomène est d'autant plus ardu à combattre que l'on estime à huit millions de tonnes annuelles les particules de plastique supplémentaires venant s'ajouter à l'existant. En janvier 2016, le Forum économique mondial estimait qu'au rythme actuel, sans inflexion de notre part, il y aura en 2050 plus de plastique que de poissons dans l'océan. Cette prévision s'explique par l'ampleur de nos rejets mais aussi par le temps de décomposition particulièrement lent de cette matière : un sac plastique ne disparaît complètement qu'au bout de 450 ans.

Comment lutter contre la pollution des plastiques ?

Un jeune étudiant hollandais, Boyan Slat, a lancé l'opération *Ocean Cleanup.* Il s'agit de récupérer 50 % des résidus infestant le Pacifique en cinq ans à l'aide d'une trentaine de barrières d'un à deux kilomètres de long, arrimées à une ancre flottante leur permettant de se mouvoir au gré des courants tout en retenant le plastique. Les conséquences sur les écosystèmes, en particulier sur la faune marine, restent toutefois à évaluer. D'autres pistes d'origine naturelle sont par ailleurs encore à explorer. Des chercheurs ont ainsi identifié une espèce de ver capable de manger et de digérer le plastique. Federica Bertocchini, biologiste à l'Institut de biomédecine et de biotechnologie de Cantabrie, en Espagne, a découvert, en débarrassant ses ruches de vers de cire – petites larves se nourrissant du miel des abeilles –, que les sacs en plastique dans lesquels elle les avait placés étaient pleins de trous. Certes, ce n'est pas une révolution, le ténébrion meunier était en effet déjà connu pour apprécier les vertus gustatives du plastique mais il n'ingurgite que 0,13 milligramme par centimètre carré en une heure contre 0,23 milligramme pour le ver de cire. L'idée désormais n'est pas de lancer des élevages de larves de cire, mais de comprendre comment cet insecte parvient à éliminer le plastique : des acides présents dans sa salive peuvent aider à la décomposition du matériau, ou bien des bactéries dans son estomac et ses intestins permettre sa digestion. L'enjeu est donc de déterminer la molécule à l'origine de ce phénomène et de la produire à grande échelle.

La ruée vers le sable

Les écosystèmes marins sont également mis à rude épreuve par une véritable ruée vers le sable, omniprésent dans les objets du quotidien. Il est généralement connu que le sable est le composant de base dans la fabrication du verre mais on ignore le plus souvent qu'il permet également de produire du dioxyde de silicium, utilisé dans les ordinateurs, les smartphones, mais aussi les lessives, les détergents, les cosmétiques... Le sable est aujourd'hui, après l'eau, la ressource la plus utilisée au monde : nous en consommons plus de 30 milliards de tonnes par an, dont l'essentiel dans le bâtiment, les travaux publics. Ainsi, la construction d'une maison nécessite 200 tonnes de sable, un kilomètre d'autoroute, 30 000 tonnes et une centrale nucléaire, 12 millions de tonnes.

Or les réserves terrestres, les carrières accessibles, deviennent de plus en plus rares, et le sable des déserts, poli par le vent est inemployable, incitant l'homme à se tourner vers les granulats marins. Mais les conséquences sont loin d'être négligeables. Le pompage, tout d'abord, a un impact considérable sur la faune et la flore marines à court terme – un certain nombre d'organismes sont aspirés – comme à moyen terme, les poissons ne pouvant plus pondre leurs œufs dans ces espaces privés de sable. À plus longue échéance, tout un littoral peut s'en trouver déstabilisé : si le sable ne peut plus jouer son rôle de barrière naturelle contre l'eau salée, les nappes phréatiques sont alors peu à peu contaminées, rendant quantité de terres impropres à la culture. Vingt-cinq îles indonésiennes ont déjà disparu à cause d'une exploitation de sable irraisonnée.

Pour construire...

Une maison : 200 tonnes de sable

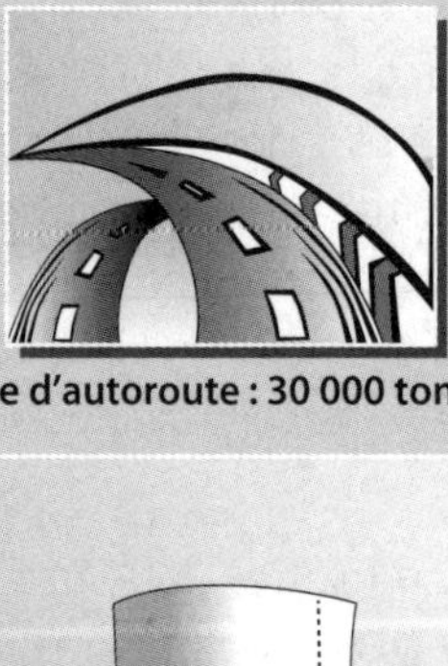

Un kilomètre d'autoroute : 30 000 tonnes de sable

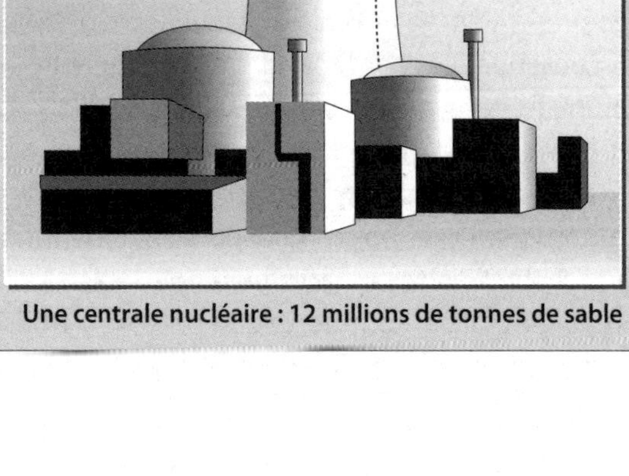

Une centrale nucléaire : 12 millions de tonnes de sable

Une montée des eaux inexorable

Depuis une vingtaine d'années, le niveau de la mer augmente en moyenne de 3,2 millimètres par an, et le rythme est destiné à s'accélérer : on envisage, dans les hypothèses les plus pessimistes, une hausse totale d'un mètre à la fin du XXIe siècle. Le réchauffement climatique, en élevant la température de l'eau, provoque une dilatation des particules d'eau qui, combinée aux effets de la fonte des banquises et des glaciers de montagne, explique cette forte montée des eaux. En outre, la multiplication de phénomènes climatiques extrêmes – cyclones, tempêtes, etc. – fragilise le littoral, accélère l'érosion et du même coup favorise la submersion des côtes. Par-delà les images destructrices de Xinthia début 2010, la série de tempêtes de l'hiver 2014 a été à l'origine, sur le littoral atlantique français, d'un recul du trait de côte (soit la limite la plus extrême que puissent atteindre les eaux marines par temps calme) de près de 20 mètres avec par endroits des pointes à 30, voire 40 mètres.

Ce mouvement de montée des eaux s'observe partout dans le monde : les falaises du pays de Caux reculent de 20 centimètres par an, on craint également des conséquences destructrices sur les cultures au Bangladesh avec des nappes phréatiques corrompues par le sel jusqu'à 100 kilomètres des côtes, sans parler de certaines îles du Pacifique ou de l'océan Indien, vouées à disparaître. Le président des Kiribati, un archipel d'Océanie, a ainsi fait l'acquisition en 2014 de 20 km^2 de terres sur une île des Fidji pour anticiper la disparition progressive de son territoire et éviter à son peuple de se retrouver apatride. Les solutions à cette situation ne sont pas légion : par endroits, il faudra se replier à l'intérieur des terres alors même que la population du globe tend de plus en plus à se concentrer sur les côtes. D'ici 2025, les trois quarts de la population mondiale résideront sur le littoral, qui abrite d'ores et déjà une proportion égale de métropoles.

Mer acide

Si le phénomène des pluies acides a fortement marqué les esprits à la fin du XXe siècle, l'acidification des océans semble pour le moment moins mobiliser l'opinion publique. Sans doute parce que nous n'en percevons pas directement les effets : nos eaux de baignade estivale semblent ainsi immuables… Pourtant, depuis le début de la révolution industrielle, l'acidité des mers a progressé de 30 %, le réchauffement climatique ne faisant qu'accélérer le phénomène. Une simple diminution de 0,1 du pH entraîne une augmentation de 30 % de l'acidité, or les prévisions tablent sur une chute de 0,3 à 0,4 du pH moyen d'ici 2100 (voir *Le livre noir de la mer, op. cit.*). L'augmentation du dioxyde de carbone (CO_2) rejeté dans l'atmosphère influe sur la chimie des mers du globe : sa dissolution dans les océans entraîne une baisse du pH et, par conséquent, une acidité plus importante de l'eau de mer. Il est aisé d'imaginer les effets dévastateurs de cette évolution sur la faune et la flore marines. Si certaines espèces – celles qui le peuvent – cherchent à migrer vers des eaux plus basiques (c'est-à-dire moins acides), d'autres s'éteignent petit à petit, ne parvenant pas à s'adapter à leur nouvel écosystème. Les coraux, huîtres, moules ou zooplanctons sont les premiers touchés, et à travers eux, toute la chaîne alimentaire est affectée par ce changement…

Cap au pôle

Pêcher un crabe japonais sur les côtes de la Manche ? C'est désormais possible. Ce crustacé est apparu sur nos côtes depuis quelques années, et à sa suite, de plus en plus d'espèces exotiques risquent d'y élire domicile dans les années à venir. Les chercheurs ont en effet observé que, poussés par le réchauffement des eaux, les spécimens marins remontent vers le pôle Nord en quête de fraîcheur.

Ce qui impressionne surtout, c'est la rapidité de cette migration : les espèces marines se déplacent en moyenne de 72 kilomètres vers le nord par décennie, soit un rythme beaucoup plus élevé que les espèces terrestres, qui se dirigent vers les pôles à une moyenne de six kilomètres par décennie. Sur une même période, le phytoplancton parcourt par exemple environ 470 kilomètres, les poissons près de 280 kilomètres, les mollusques, crustacés et algues des grandes profondeurs se limitant à quelques dizaines de kilomètres. Certains pays se réjouissent du développement de nouvelles espèces dans leurs eaux, songeant immédiatement aux bénéfices que la capture, la culture ou l'élevage de ces organismes leur offriront. Mais la prudence est de mise car nous ne maîtrisons pas toutes les conséquences de ce phénomène migratoire : les écosystèmes marins pourraient être totalement reconfigurés. Avec une hausse de la température des océans de plus de deux degrés, sardines et anchois pourraient ainsi proliférer au détriment des amateurs d'eaux froides, tels que la morue ou la coquille Saint-Jacques, alors amenées à disparaître de la surface du globe…

Quand la glace se fait eau

La conséquence la plus visible et connue du réchauffement climatique reste la fonte de la calotte et des glaciers polaires. Il arrive aussi que de gros blocs de glace s'en séparent du fait d'une eau de mer plus chaude qu'auparavant. L'Arctique est la zone qui connaît le plus fort réchauffement de la planète, avec des températures désormais de 6 °C au-dessus de celles précédant l'ère industrielle. La glace y fond de trois à quatre mètres par an depuis 2004 et, en 2016, l'Arctique en a perdu une quantité à peu près équivalente à la surface de l'Irak…

La conséquence principale de la fonte des glaces est évidemment la montée du niveau de la mer, qui s'observe désormais à tout endroit du globe. On sait aujourd'hui que cette hausse s'explique pour un tiers par la rétractation progressive de la banquise de l'Antarctique et du Groenland, pour un deuxième tiers par la dilatation thermique des mers, et pour un troisième par la fonte des glaciers de montagne.

Faune, flore et populations humaines locales sont aussi directement affectées par ce phénomène : l'élévation du niveau de la mer provoque parfois la destruction d'habitats sur la banquise, l'altération d'un écosystème littoral, mais aussi la baisse non négligeable des ressources alimentaires et d'eau potable. Prenons l'exemple du phytoplancton, micro-organisme à la base de la chaîne alimentaire en Antarctique, qui parvient à se développer en s'accrochant sous la glace. Les micro-algues dont il est composé forment l'alimentation principale du krill. Ces petites crevettes d'eau froide sont elles-mêmes la source de nourriture privilégiée de la majorité des espèces australes, au premier rang desquelles figurent les baleines et autres cétacés… Or, si la fonte, donc la disparition progressive des glaces, menace la prolifération du phytoplancton, alors l'avenir ne présage rien de bon pour le plus grand animal du globe… Il y a donc urgence à lutter contre le réchauffement climatique et, dans cette perspective, la mer semble offrir des solutions : vents, courants, houle sont autant d'éléments susceptibles de produire une énergie durable.

Chapitre 7

Quel potentiel pour les énergies marines renouvelables ?

Bernard Richelet

Diverses, mouvantes, les mers constituent de fantastiques réserves d'énergie que le développement des sciences et des techniques permet désormais d'exploiter. Cinq sources d'énergies marines renouvelables (EMR) peuvent ainsi être recensées : les vagues, les courants, les marées, les gradients de température ainsi que ceux de salinité. Y est fréquemment ajouté l'éolien marin qui, comme son nom l'indique, n'est pas stricto sensu *une énergie marine mais reste aujourd'hui, paradoxalement, l'énergie la plus exploitée en mer.*

Balayée par les vents…

L'intérêt de placer des éoliennes en mer est double : les vents y sont plus forts, plus réguliers, et l'implantation de ces engins y est plus facilement acceptée qu'à terre.

Une éolienne marine peut être posée ou flottante : posée sur une fondation sous-marine qui s'appuie sur le fond de la mer, ou flottante grâce à une structure *ad hoc* elle-même ancrée. Toutes celles en service sont posées, par simplicité technique principalement. Mais ce procédé a toutefois ses limites : la profondeur des eaux ne doit pas dépasser 40 mètres environ – le coût d'installation est trop élevé au-delà – et ces zones sont parfois difficiles à trouver – en Méditerranée, par exemple, les grands fonds sont très proches du rivage. Pour dépasser ces contraintes, il faut recourir à l'éolien flottant, qui permet également d'atteindre des zones plus lointaines et moins fréquentées, où les vents sont encore plus forts. Pour cela, il importe de résoudre le problème du flotteur chargé de maintenir à la verticale le mât de l'éolienne, malgré le vent, les vagues, les tempêtes… Différentes solutions sont envisagées, certaines recourant aux techniques développées pour les plates-formes *offshore*. C'est d'ailleurs une compagnie d'*offshore* qui a mis en service en octobre 2017 la première ferme commerciale d'éoliennes flottantes au monde, une installation pilote de 30 MW au large de l'Écosse.

L'éolien en mer s'est rapidement développé parce qu'il a su profiter de l'expérience terrestre et de la maîtrise de la technologie des turbines. Celles qui sont destinées aux « champs marins » voient leur puissance croître de manière continue : la première ferme éolienne en mer au monde, installée en 1991 dans les eaux danoises, était dotée de onze turbines de 450 kW. Aujourd'hui, on en construit déjà d'une puissance de 8 MW et le développement de machines de plus de 11 MW a récemment été lancé. Cette capacité de croissance de la puissance des turbines est un des tout premiers atouts de l'éolien en mer.

… la mer est un fluide en mouvement…

Récupérer l'énergie d'une eau en mouvement ne nécessite pas forcément des moyens mécaniques très sophistiqués : les moulins à marée existent depuis l'Antiquité. Ils ont trouvé leur prolongement avec l'usine marémotrice qui permet de capter pleinement l'énergie d'une marée : vitesse du flot et variation de niveau. Un ensemble de turbines réversibles est placé à la base d'un barrage fermant un estuaire. Les turbines sont actionnées par le flot montant puis, sur commande, par l'eau du barrage relâchée. Les Français ont été précurseurs en la matière avec le barrage de la Rance, en Bretagne, non loin de Saint-Malo. Inauguré en 1966, il demeure en 2017 la seule centrale EMR française en service. Dans le monde, les usines marémotrices sont peu nombreuses : d'abord, leur installation réclame des conditions bien particulières de marnage (amplitude entre haute et basse mer) et de configuration topographique. Et si ce dispositif est relativement simple de construction et d'un très bon rendement (typiquement celui d'un barrage hydroélectrique), son coût écologique est lourd : fermeture d'un estuaire, bouleversement d'écosystèmes, envasement en amont et en aval du barrage… C'est donc la balance entre l'intérêt d'une telle infrastructure et ses conséquences environnementales qui décidera de la réalisation ou de l'abandon des quelques projets qui existent encore dans le monde.

D'une conception beaucoup plus légère, l'hydrolienne apparaît comme un procédé prometteur : en mer, une hélice placée dans une veine de courant actionne un générateur électrique. Les expérimentations « grandeur nature » menées jusqu'à présent ont été positives, la technologie semble au point, l'industrialisation est proche. L'hydrolien restera cependant une source limitée de production d'énergie en raison de la rareté des sites adéquats.

Il existe bien d'autres techniques de captage de l'énergie produite par les vagues et les courants, certaines actionnant directement une turbine, d'autres, indirectement, par l'intermédiaire d'un fluide de travail, compressé par l'interaction entre la partie mobile du dispositif et sa partie fixe, puis détendu dans la turbine.

Le cerf-flottant par exemple est une structure qui, poussée par un courant, exerce sur son point d'attache une traction qui permet la compression d'une huile. La rampe à déferlement, quant à elle, permet aux vagues de « monter » sur un plan incliné ; l'eau, stockée au-dessus du niveau de la mer, actionne une turbine en retombant. Un troisième procédé, la colonne d'air oscillante, consiste à placer une turbine au sommet d'un conduit dont l'ouverture inférieure est submergée. L'arrivée d'une vague fait monter le niveau d'eau à l'intérieur du conduit, l'air contenu est compressé et s'échappe par le haut en faisant tourner la turbine. Le retrait de la vague crée une dépression et l'air admis actionne de nouveau la turbine. Enfin, la bouée-ludion monte et descend au gré des vagues ; son mouvement rapporté à son point fixe d'ancrage permet la compression d'un fluide. Ces procédés, actuellement au stade expérimental, ont certainement de l'avenir, et ils ne sont pas les seuls :

des centaines de brevets de machines destinées à exploiter l'énergie des vagues et des courants ont été déposés en France depuis le début du XXe siècle. Tous ne sont certainement pas réalistes mais quelques-uns pourraient avoir des débouchés.

Si toutes ces machines présentent le défaut d'être en partie ou totalement sous-marines, donc difficiles d'accès, elles ont l'avantage d'utiliser la force de l'eau, un fluide bien plus dense que l'air : une hydrolienne par exemple est beaucoup plus compacte qu'une éolienne de même puissance.

… aux caractéristiques physico-chimiques variables

Il est également possible de produire de l'énergie en exploitant la propension naturelle de deux fluides différents à s'homogénéiser au contact l'un de l'autre.

Ainsi, une eau douce et une eau salée se mêleront pour parvenir à une salinité commune. Si elles sont séparées par une paroi semi-perméable – une membrane laissant passer les molécules d'eau mais bloquant les minéraux –, l'eau douce traverse celle-ci pour diluer l'eau salée. Il s'ensuit une surpression du côté le plus salé qui peut être exploitée et transformée en électricité. Les prototypes actuels fonctionnent mais, même avec des flux d'eau importants, leur rendement n'est pas assez élevé. Les recherches se poursuivent donc pour développer des membranes plus efficaces. Et malgré les études menées, le procédé dit « osmotique » n'est pas encore exploitable pour la production d'électricité, d'autant plus que la contrainte de disposer d'une ressource importante en eau douce est lourde. Aujourd'hui, l'osmose ne reste donc utilisée que pour la désalinisation de l'eau de mer.

L'énergie thermique des mers (ETM) suscite quant à elle plus d'espoir. En mer, les eaux profondes sont beaucoup plus froides que les eaux de surface, la différence de température pouvant atteindre plus de 25 °C dans certaines régions du globe. Deux flux alimentant une machine thermique permettent de produire de l'électricité grâce à une succession de vaporisation/condensation d'un fluide du type ammoniaque, le cycle du réfrigérateur inversé en quelque sorte. Un écart de 20 °C entre les deux eaux est nécessaire pour avoir un rendement acceptable, ce qui limite l'exploitation de cette énergie aux zones tropicales.

Les EMR : quelques chiffres clés

Production mondiale d'électricité (2016) ≈ 24 000 TWh
Potentiel mondial des EMR ≥ 20 000 TWh (est.)
Consommation électrique française brute (2016) : 483 TWh
Productible maximal théorique français en 2050 : 57,5 TWh (EMR) + 269,5 TWh (éolien en mer)

Sources : BP Statistical Review of World Energy, *2017; Observatoire des énergies de la mer; RTE,* Bilan électrique 2016; *Ademe,* Un mix électrique 100 % renouvelable ?.

L'ETM fait depuis longtemps l'objet de recherches, notamment de la part de scientifiques français, au premier rang desquels figure le physicien Arsène d'Arsonval qui en a formulé le concept dès 1881. Une cinquantaine d'années plus tard, l'ingénieur Georges Claude est à l'origine des deux premières applications industrielles de ce procédé, avec la construction d'une centrale électrique à Cuba en 1930 et la transformation en 1933 d'un navire, *La Tunisie*, en usine de production de pains de glace. Depuis, l'intérêt pour l'ETM n'a jamais disparu. Des essais sont menés, principalement avec des centrales à terre : l'alimentation en eau froide est alors assurée par un conduit qui suit la pente des fonds jusqu'à la température souhaitée, pour respecter l'écart minimum de température requis. Mais ce type de topographie reste trop particulier et, pour parvenir à une production intéressante, il faut un débit d'eau très important. Le développement de l'ETM implique donc la conception de centrales flottantes dont la conduite d'eau froide doit être imaginée comme un tuyau vertical de plusieurs mètres de diamètre et de 1 000 mètres de long. C'est un vrai défi technique car il doit être suffisamment léger pour qu'un flotteur puisse le soutenir et suffisamment robuste pour résister à l'aspiration de l'eau profonde et aux mouvements de la mer. Plusieurs industriels ont toutefois bon espoir de parvenir à fabriquer un tel conduit ; dès que ce verrou matériel aura été levé, l'ETM, dont les infrastructures de captage sont en surface, plus faciles à assembler, pourrait être d'un grand intérêt, notamment pour les îles tropicales (voir le rapport de la mission d'étude sur les énergies renouvelables, mars 2013).

L'implantation des centrales EMR en mer

Le milieu marin est agressif pour les infrastructures d'exploitation : vents impétueux, oxydation, choc des vagues, projection de sédiments, bio-encrassement… autant de menaces à prendre en compte lors de la conception des composants d'une centrale EMR. D'autant que la construction en mer n'est pas chose aisée : elle nécessite des navires-grues, des équipes spécialisées, des engins particuliers pour assurer les travaux sous-marins… Les interventions ultérieures doivent demeurer le plus rare possible pour éviter une hausse des coûts : la fiabilité des équipements constitue donc un enjeu de première importance.

Trouver la zone propice, qui satisfasse les exigences de rendement tout en répondant aux contraintes d'installation (profondeur, pente, nature du sol…) peut également s'avérer difficile. Si, par exemple, les vagues se rencontrent partout en mer, les courants exploitables sont, eux, assez rares.

Autre impératif : le fond des eaux territoriales relève du domaine public maritime, l'occuper nécessite donc un accord de l'État qui peut s'accompagner d'une obligation de redevance. L'implantation sur le plancher de la zone économique exclusive (ZEE) n'est pas libre non plus, puisque, là encore, l'État en assure la gestion.

Le choix du lieu d'installation d'une centrale EMR doit aussi tenir compte de l'existant : autres usages (pêche, navigation commerciale, extraction de granulats, aquaculture…) et contraintes imposées par l'homme (aire marine protégée, interdiction de mouillage…). Tout nouvel arrivant oblige à repenser le partage des activités humaines en mer pour qu'elles puissent coexister harmonieusement selon une forme de « planification spatiale » des espaces maritimes.

Enfin, les conséquences environnementales d'une telle implantation doivent être estimées, tant en ce qui concerne la présence même de la centrale que l'effet de son activité. C'est seulement à l'issue d'études de terrain poussées que l'État peut *in fine* donner ou refuser son autorisation.

Les contraintes sont nombreuses, certes, mais pas insurmontables pour qui connaît la mer, comme le montre l'important développement actuel des énergies marines. Il n'est d'ailleurs pas surprenant que des pays de vieille tradition maritime se trouvent sur le podium des EMR : le Royaume-Uni, en tête en termes de puissance installée, et le Danemark, dont la proportion d'EMR au sein de la production nationale d'électricité est la plus importante au monde.

Vers une nouvelle géographie électrique

Quels que soient les types d'énergies captées, les procédés développés visent tous à produire de l'électricité. Et dès lors que les EMR constituent une part importante du bouquet électrique d'un pays, certaines de leurs autres caractéristiques doivent être prises en compte.

Vagues, courants et marées sont les trois EMR les plus intéressantes, celles dont l'exploitation commerciale est d'ores et déjà possible. Toutes trois sont des phénomènes spontanés, plus ou moins prévisibles mais que l'homme ne pilote pas, c'est la nature qui en dispose. Bien sûr, les zones d'implantation sont longuement étudiées et choisies parmi les plus productives, mais la permanence de production ne peut jamais être assurée. Ce sont donc, à l'instar de beaucoup des énergies renouvelables terrestres, comme de l'éolien marin, des sources intermittentes. Pour garantir un approvisionnement sans recourir à des énergies fossiles, il faut pouvoir compenser l'arrêt d'une source renouvelable par l'apport d'une autre source renouvelable, au cycle de production différent, soit par nature, soit grâce à la dispersion géographique des installations. Cette multiplication des sources d'énergie – on parle de foisonnement – doit être la plus importante possible de façon à disposer, à chaque instant, de la ressource nécessaire ; elle conduit nécessairement à un accroissement des échanges électriques interrégionaux voire internationaux. La France dispose, en la matière, d'un atout formidable : son positionnement au carrefour des échanges électriques européens.

Le problème de l'intermittence des EMR soulève aussi la question du stockage de l'énergie : pour compenser les manques bien sûr, mais aussi pour éviter la perte des surproductions. Des moyens de stockage de l'électricité existent déjà, comme les piles et les batteries par exemple. Mais la production et la consommation électriques varient selon des cycles infra-journaliers, infra-hebdomadaires et saisonniers. Si les batteries peuvent répondre aux besoins de court terme, d'autres dispositifs sont nécessaires à un stockage massif et de longue durée.

Les principaux procédés existants reposent sur une transformation de l'énergie électrique en gaz ou en énergie gravitationnelle. L'électricité produite en surplus peut ainsi servir à comprimer de l'air, que l'on stocke dans des cavités souterraines, par exemple, avant de l'utiliser pour actionner une turbine et produire de nouveau de l'électricité. On peut aussi fabriquer de l'hydrogène par électrolyse d'eau : il est ensuite utilisé comme carburant ou, après méthanisation, injecté dans le circuit de distribution du gaz de ville. Quant à la transformation en énergie gravitationnelle, elle consiste à utiliser l'électricité produite en excédent pour pomper de l'eau vers un bassin de retenue en hauteur avant de la relâcher vers une turbine. De tels bassins existent en France, au profit des centrales hydroélectriques, sur les cours d'eau. Mais, déjà très sollicités, ils ne sont pas capables d'assurer un stockage supplémentaire de fort volume : un besoin nouveau de grandes capacités de réserve ne pourra être satisfait qu'avec la création de nouvelles retenues artificielles, au sommet de falaises du littoral par exemple.

Enfin, les unités de production EMR, du fait de leurs caractéristiques – de bien plus faible puissance que les centrales en service et implantées à la périphérie du territoire – obligent à repenser la distribution de l'électricité. Les réseaux actuels sont « descendants » et en étoile, depuis les centres de production vers les consommateurs. Le recours aux EMR impose des échanges plus nombreux, plus décentralisés, plus multidirectionnels. La gestion de sources nombreuses, disséminées sur le territoire et intermittentes, le pilotage des capacités de stockage et un recours croissant aux échanges internationaux nécessitent plus généralement une évolution des réseaux de transport vers ce que l'on appelle les réseaux intelligents, les *smart grids*. En recueillant suffisamment d'informations auprès des producteurs et des consommateurs, ces réseaux permettent de mieux anticiper les variations des deux types d'acteurs, pour maintenir l'équilibre production/consommation. Par eux-mêmes, ils permettraient de réaliser une économie énergétique de 5 %. Surtout, ils constituent un élément incontournable en préalable à tout usage massif des EMR et, plus généralement, des énergies renouvelables.

L'avenir des EMR

Les énergies marines existent, c'est un fait. Elles sont captables, cela est établi. Elles ne sont ni une lubie de quelques savants fous ni la panacée au problème mondial des énergies décarbonées. Certaines technologies sont déjà suffisamment développées pour être employées commercialement à grande échelle même si l'installation d'infrastructures en mer restera toujours une opération difficile.

Les EMR peuvent donc d'ores et déjà fournir un apport ponctuel mais y avoir un recours massif exige des évolutions de réseaux et de pratiques.

Le développement des énergies marines renouvelables dépendra, outre la maîtrise technique des procédés, d'une comparaison de coût avec leurs concurrentes terrestres, et d'une volonté et d'une acceptabilité aussi bien politique que sociale, deux critères qui s'apprécient localement et au regard desquels l'éolien posé semble ouvrir la voie. Les premiers pays à s'en être dotés continuent à faire naître des champs toujours plus vastes, constitués de machines plus puissantes, confirmant ainsi leur intérêt pour cette ressource. Et s'agissant du coût, l'Allemagne et bientôt le Royaume-Uni vont produire grâce à l'éolien posé une électricité au prix du marché. Dans ces pays, la participation des EMR au mix énergétique n'est plus un sujet de controverses mais relève désormais de l'évidence.

Chapitre 8

Vers une gouvernance mondiale de l'océan ?

Alexia Pognonec

C'est à partir du milieu du XXe siècle que le droit de la mer a été codifié, en particulier avec la longue rédaction, puis l'adoption, d'un instrument majeur : la Convention des Nations unies sur le droit de la mer. Celle-ci consacre et encadre la délimitation de plusieurs espaces maritimes : certains sont soumis à la juridiction des États côtiers, d'autres échappent à toute forme d'appropriation. C'est précisément à propos de ces derniers qu'émerge depuis quelques années une volonté de plus en plus marquée de réfléchir à une meilleure gestion et à une gouvernance globale de l'environnement marin et de ses ressources.

« La mer n'appartient pas aux despotes. À sa surface, ils peuvent encore exercer des droits iniques, s'y battre, s'y dévorer, y transporter toutes les horreurs terrestres. Mais à trente pieds au-dessous de son niveau, leur pouvoir cesse, leur influence s'éteint, leur puissance disparaît ! », s'exclamait le capitaine Nemo, dans *Vingt mille lieues sous les mers* de Jules Verne. S'il devait naviguer de nos jours, il découvrirait une réalité quelque peu différente de celle qu'il connaissait. La mer et ses ressources font désormais l'objet d'une exploitation qui ne connaît plus de frontières, et la liberté des mers d'un encadrement juridique de plus en plus précis.

Le droit au fil de l'eau

La perception des océans a évolué à travers les âges. Milieu longtemps perçu comme hostile et menaçant, la mer s'est vue ensuite associée aux moments de détente, aux congés, aux stations balnéaires et au *farniente*. Aujourd'hui, son image a encore évolué, s'étendant bien souvent au-delà de l'horizon.

Les esprits se sont en effet « maritimisés » au gré de la révélation des secrets que recèlent les océans, mais pas seulement. La diffusion de reportages spécialisés, d'événements sportifs, d'exploits de grands navigateurs ainsi que le développement du tourisme en mer ont également contribué à la prise de conscience par le public de la diversité des usages possibles de la mer et des conséquences – parfois catastrophiques – des activités humaines sur son environnement.

Il y a encore quelques dizaines d'années, il était difficile d'imaginer qu'une quelconque forme de vie puisse exister dans les abysses, tant ces profondeurs semblaient hostiles au développement – et à la survie – de la moindre espèce, qu'elle soit animale ou végétale. Les scientifiques y ont pourtant découvert des écosystèmes foisonnants, plongés dans l'obscurité la plus totale ou à proximité de cheminées hydrothermales brûlantes, également qualifiées de « fumeurs ». Ces cheminées, par lesquelles s'échappe la chaleur du magma remontant depuis le centre de la terre, sont formées par le mouvement des plaques tectoniques.

De même, la découverte de vastes champs sous-marins riches en minerais et en hydrocarbures ou la prise en compte du potentiel qu'offre le développement des énergies marines renouvelables n'ont fait que renforcer l'intérêt des États et des industriels pour les espaces maritimes.

En général, le droit suit les faits, c'est-à-dire que la réglementation intervient souvent en réaction à un événement particulier qui n'avait pas été envisagé auparavant. C'est la raison pour laquelle la gouvernance des océans évolue au gré des découvertes et des progrès scientifiques. D'ailleurs, pourquoi employer le terme d'*océans* au pluriel plutôt qu'au singulier ? Du point de vue scientifique, le découpage des océans est pourtant artificiel : ils sont interconnectés, reliés entre eux, les poissons nagent, faisant fi des délimitations, les pollutions se déplacent au gré des courants, les altérations touchant un espace maritime ont également une incidence sur les autres…

D'un point de vue juridique néanmoins, la gestion des espaces maritimes ne s'opère pas de manière uniforme : s'il existe des instruments à portée universelle qui ont vocation à s'appliquer à tous les océans du globe, les États ont également choisi de recourir à des conventions régionales pour permettre une gestion et une conservation spécifiquement adaptées à l'environnement local.

En outre, la dichotomie historique entre appropriation et liberté des mers – souvent rattachée à la controverse fondatrice entre les juristes néerlandais, Hugo Grotius, et britannique, John Selden – s'est traduite de façon concrète par la création d'une succession d'espaces maritimes, bénéficiant chacun d'un régime juridique particulier. La territorialisation des eaux, c'est-à-dire l'appropriation par les États des espaces maritimes adjacents à leurs côtes, en est la conséquence. Pour autant, cette réalité n'est pas incompatible avec le concept de gouvernance mondiale. On assiste en effet à une volonté de plus en plus marquée d'évoluer vers une gestion commune des espaces maritimes internationaux et de leurs ressources.

Restreindre ou non la liberté des mers ? Un vieux débat

L'opposition entre les États qui défendent la liberté de navigation et ceux qui la perçoivent comme une menace à leur sécurité ou à leurs ressources est ancienne. Les termes de cette controverse ont été posés par deux juristes célèbres dès le début du XVIIe siècle. Du côté britannique, John Selden (1584-1654) a ainsi défendu la thèse d'une mer fermée autour de la Grande-Bretagne, dans laquelle la circulation serait contrôlée. Ce concept, qualifié de *mare clausum*, s'est néanmoins rapidement effacé au profit du principe de la liberté des mers et de la doctrine du *mare liberum*, formulée quelques années auparavant par Hugo Grotius (1583-1645) et préférée par les Pays-Bas, alors Provinces-Unies.

La territorialisation des eaux

Ce phénomène de territorialisation est régulièrement décrié et dénoncé, d'aucuns y voyant une tendance à l'appropriation de pans de mer de plus en plus importants, susceptible de remettre en cause le principe de liberté des eaux. Et pourtant, ce sont les États eux-mêmes qui en sont à l'origine : par le biais de la Convention des Nations unies sur le droit de la mer – CNUDM, véritable « Constitution des océans » signée le 10 décembre 1982 et entrée en vigueur le 16 novembre 1994, qui encadre l'ensemble du droit de la mer –, ils ont organisé le découpage juridique des océans.

L'État, seul maître et exclusivement compétent sur son territoire terrestre, se voit ainsi attribuer des compétences sur une succession d'espaces maritimes délimités depuis ses côtes. Ses droits souverains diminuent néanmoins à mesure qu'il s'éloigne de son territoire, jusqu'à disparaître dans les espaces internationaux.

Petite histoire de la Convention des Nations unies sur le droit de la mer

1956 : début des travaux de la première Conférence des Nations unies sur le droit de la mer à Genève.

1958 : adoption des quatre « Conventions de Genève sur le droit de la mer » à l'issue de la première Conférence : la Convention sur la haute mer, entrée en vigueur en 1962 ; la Convention sur la mer territoriale et la zone contiguë, entrée en vigueur en 1964 ; la Convention

sur le plateau continental, entrée en vigueur en 1964 ; et celle sur la pêche et la conservation des ressources biologiques, entrée en vigueur en 1966.
1960 : réunion de la deuxième Conférence des Nations unies sur le droit de la mer à Genève dont les travaux n'aboutiront pas à un accord.
1973 : début de la troisième Conférence des Nations unies sur le droit de la mer à New York.
1982 : adoption de la Convention des Nations unies sur le droit de la mer à Montego Bay, Jamaïque, au terme de neuf ans de travaux de la troisième Conférence.
1994 : entrée en vigueur de la Convention de 1982 qui compte aujourd'hui 168 États parties.

La mer territoriale, zone maritime historique

La mer territoriale est le premier espace maritime à avoir été consacré, principalement pour des impératifs de sécurité, les États souhaitant se prémunir contre d'éventuelles menaces venant du large. À l'origine, elle s'étendait généralement à trois milles marins depuis les côtes, équivalant, dit-on, à la portée des canons de l'époque. « Le pouvoir de l'État finit là où finit la force de ses armes », écrivait à ce propos le juriste hollandais Cornelius van Bynkershoek en 1702.

Il faut néanmoins attendre l'adoption de la CNUDM en 1982 pour que les États s'accordent sur la largeur de la mer territoriale, désormais étendue à 12 milles depuis les « lignes de base » qui marquent la fin du territoire terrestre et à partir desquelles sont délimités les différents espaces maritimes soumis à la juridiction de l'État côtier.

Il s'agit d'un espace soumis à la souveraineté de l'État côtier, laquelle ne souffre qu'une exception : celle du passage inoffensif. Il est en effet permis aux navires qui battent pavillon étranger de transiter dans cette zone sans autorisation préalable, qu'ils soient militaires ou commerciaux, à condition que le passage s'opère de façon rapide et continue. Dans certaines circonstances, le mouillage est cependant toléré – notamment en cas d'incident ordinaire de la navigation.

Un régime de passage spécifique, celui du passage en transit, existe également pour les détroits internationaux trop étroits pour être traversés par un couloir de haute mer : il permet aux navires étrangers de naviguer dans le détroit de façon rapide et continue. Ce droit ne peut être entravé ou suspendu par l'État côtier, qui dispose néanmoins de la possibilité d'imposer des voies de circulation spécifiques pour des raisons de sécurité.

Dans leurs eaux territoriales, les États sont donc exclusivement souverains et jouissent de ce qu'on appelle « la plénitude des compétences ». Au-delà, leurs droits ne sont plus que partiels et concédés dans des domaines particuliers – exploitation des ressources naturelles et protection de l'environnement marin notamment.

Délimitation des zones maritimes

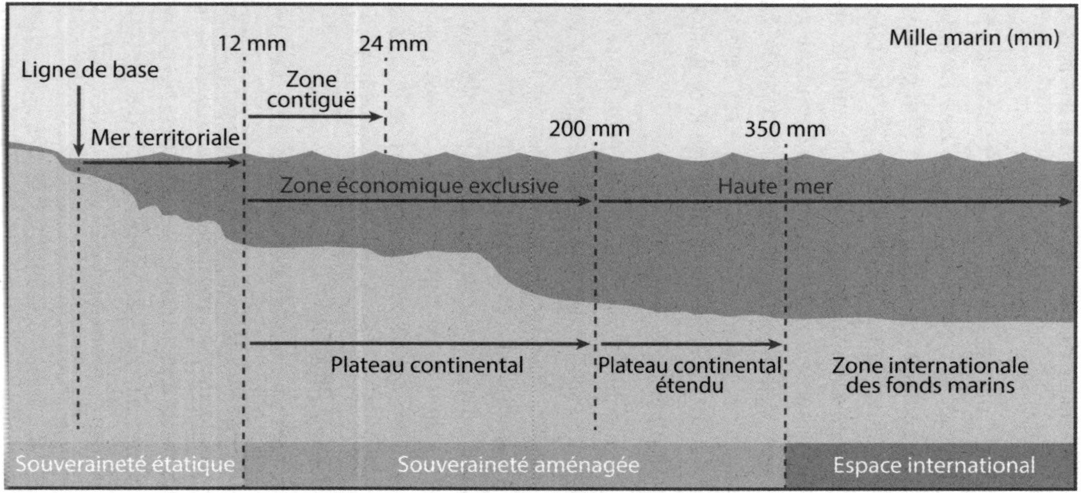

Les zones sous souveraineté aménagée

Au-delà de la mer territoriale, l'État côtier peut choisir de délimiter une zone contiguë, sur laquelle il dispose de pouvoirs de police lui permettant de faire respecter sa réglementation en matière fiscale, douanière, sanitaire, environnementale, ainsi que dans le domaine de l'immigration. Pouvant s'étendre jusqu'à 24 milles depuis les lignes de base, elle n'est cependant que rarement consacrée, les États lui préférant d'autres zonages maritimes.

Adjacente à la mer territoriale, c'est en effet surtout la zone économique exclusive (ZEE) qui s'est imposée. Créée sous l'impulsion des pays en développement – et, en particulier, du « Groupe des 77 » aux Nations unies – qui souhaitaient préserver leurs ressources halieutiques d'une exploitation trop intensive de la part des États développés, la ZEE, consacrée par la CNUDM, constitue une garantie de leurs intérêts économiques. Elle confère en effet aux États côtiers des droits souverains pour l'exploitation de leurs ressources minérales, énergétiques et biologiques jusqu'à 200 milles marins depuis les lignes de base. On estime par exemple que jusqu'à 90 % des ressources halieutiques mondiales se trouveraient en ZEE !

La prise en compte de l'impact des activités humaines sur l'environnement marin et la volonté des États de se prémunir contre le risque de pollution et de marées noires ont également donné à la notion de ZEE une dimension environnementale. Les États y exercent donc des compétences en matière de gestion, de conservation et de protection du milieu marin.

De leur côté, les fonds marins et leurs sous-sols disposent de leur propre régime juridique : celui du plateau continental. Revendiqué aux États-Unis par la proclamation du président Truman du 28 septembre 1945, le plateau continental – qui constitue le prolongement naturel du continent sous la mer – a la même nature économique que la ZEE. Il confère à ce titre des droits souverains à l'État côtier pour l'exploitation des ressources du sol et du sous-sol de la mer. En principe limité à une largeur de 200 milles marins depuis les lignes de base, il peut être étendu jusqu'à 350 milles marins dans certaines conditions. Pour pouvoir bénéficier d'une telle extension, l'État côtier doit néanmoins obtenir un avis favorable de la part d'un organe spécifiquement créé par la CNUDM : la Commission des limites du plateau continental.

L'extension de la juridiction d'un État sur l'espace marin revêt donc un enjeu économique, environnemental et géostratégique majeur.

Si des voix s'élèvent pour critiquer ce phénomène de territorialisation, ce dernier présente pourtant des avantages. Il permet notamment d'éviter les risques de conflits d'usage en mer, chaque espace maritime disposant de son régime juridique propre.

Au-delà de ces zones soumises à la juridiction des États se trouvent des espaces internationaux dont le régime juridique est principalement prévu par la

CNUDM. Alors que la « Zone internationale des fonds marins » bénéficie déjà d'un régime particulier, les discussions s'engagent désormais pour réfléchir à une meilleure gouvernance mondiale de la haute mer.

La Zone internationale des fonds marins, patrimoine commun de l'humanité

La Zone internationale des fonds marins – dite la Zone – a été créée par la CNUDM pour préserver les ressources des fonds et des sous-sols marins d'une exploitation erratique des seuls États disposant des technologies et moyens suffisants pour le faire. La Zone commence au-delà des limites extérieures du plateau continental, ou, lorsqu'il existe, du plateau continental étendu.

Elle dispose d'un régime juridique tout à fait novateur, puisqu'elle a été consacrée patrimoine commun de l'humanité. Or, si aucun État ne peut en revendiquer l'appropriation, ce statut implique surtout que l'exploration et l'exploitation des ressources minérales qui s'y trouvent doivent profiter à l'humanité tout entière, sous la gestion et le contrôle d'une organisation internationale particulière : l'Autorité internationale des fonds marins (AIFM).

Pour l'heure, l'exploitation des ressources de la Zone n'a pas encore commencé. Mais lorsque ce sera le cas, les bénéfices économiques qui en découleront devront être partagés de façon équitable, compte tenu en particulier des besoins et intérêts des États en développement. L'obligation qui incombe à l'État côtier de reverser une redevance à l'AIFM au-delà de cinq années d'exploitation de son plateau continental étendu rappelle d'ailleurs que ces portions des fonds marins ont été « grignotées » sur la Zone, patrimoine commun de l'humanité.

La haute mer, espace gouverné par le principe de liberté

Malgré ce que l'on entend souvent, ce principe de liberté ne signifie pas pour autant que la haute mer est une « zone de non-droit ». La plupart des libertés évoquées par la CNUDM sont d'ailleurs directement assorties de réserves et les États sont soumis à une obligation générale de protéger l'environnement et d'œuvrer à la conservation des ressources biologiques marines, y compris en haute mer. Il existe également des instruments, qu'il est possible de qualifier de sectoriels, régissant de manière spécifique telle ou telle activité maritime : sécurité de la navigation, sauvetage, formation des équipages, pêche, prévention et lutte contre les pollutions…

Cet ensemble normatif est complété par des instruments juridiques régionaux : les conventions de mer régionales, tout d'abord, qui permettent d'adapter au mieux la préservation et la protection du milieu marin aux besoins et spécificités locales, et les conventions de pêche régionales, qui visent une meilleure gestion des ressources halieutiques.

Cette abondance de normes présente certes l'avantage de couvrir une multitude de domaines et de problématiques maritimes. Elle pèche néanmoins parfois par manque de cohérence et d'harmonie, logiques vers lesquelles les États ne pourront tendre qu'en promouvant la coopération et la coordination entre les diverses organisations existantes.

D'autres problématiques restent en suspens, en particulier celles qui ont trait à la préservation de la biodiversité en haute mer. C'est la raison pour laquelle ont débuté, dans le cadre des Nations unies, les négociations d'un nouvel accord sur « la conservation et l'exploitation durable de la biodiversité marine dans les zones situées au-delà de la juridiction nationale ». Les thématiques concernées – l'exploitation des ressources génétiques marines, et en particulier la question du partage des bénéfices en découlant ; les outils de protection de la biodiversité tels que les aires marines protégées ; le renforcement du transfert de technologies ou encore les études d'impact environnemental – vont indubitablement dans le sens d'une meilleure gouvernance mondiale.

***

Les océans sont de véritables vecteurs de la communication, du commerce et de la globalisation. Ils offrent des opportunités en matière énergétique – énergies marines renouvelables, hydrocarbures, exploitation des minerais dans les grands fonds marins –, scientifique, médicale et permettent également de nourrir et abreuver les hommes.

Les usages de la mer sont donc multiples et parfois concurrents. Or les États ne peuvent traiter ces problématiques de façon isolée et doivent prendre en considération l'ensemble des usages de la mer pour tendre vers une meilleure gestion, une meilleure gouvernance des océans. Si la création d'une « super-autorité » pour les océans ne semble pas être d'actualité, les États peuvent en revanche d'ores et déjà s'efforcer d'instaurer davantage de coordination et de coopération entre les organes et mécanismes juridiques déjà existants.

Lignes d'horizon

Si l'océan apparaît aujourd'hui comme une promesse d'avenir, une série de questions, d'hypothèques, jalonnent cependant la route en direction de cet eldorado. Le mouvement de relocalisation vers le littoral en est un, tout comme la nécessité de trouver le cadre à même d'assurer l'équilibre entre exploitation et préservation des ressources marines.

L'ombre de la relocalisation

L'histoire des hommes est faite de cycles et il semble de nos jours que la longue séquence continentale arrive à son terme. Cent mille ans avant notre ère, nos lointains ancêtres vivaient majoritairement sur le littoral avant que la remontée des eaux liée au réchauffement climatique ne les contraigne à migrer vers l'intérieur des terres aux alentours de – 15 000 av. J.-C. Aujourd'hui le mouvement s'inverse : plus de la moitié de la population mondiale vit déjà à moins de 100 kilomètres des côtes, proportion qui devrait avoisiner les 75 % en 2035, selon l'Observatoire national de la mer et du littoral. Cette migration s'explique en grande partie par le dynamisme des ports, villes côtières au cœur de la globalisation, qui attirent des hommes et des femmes en quête d'un avenir meilleur, d'un eldorado. Sauf que celui-ci, bien réel sous plusieurs aspects, s'accompagne aussi d'un certain nombre d'interrogations.

Le transport maritime, ou du moins sa croissance exponentielle, en constitue une. Depuis la crise de 2008, et malgré la reprise économique mondiale, les échanges internationaux peinent en effet à retrouver leurs niveaux précédents. L'indice Harpex Shipping qui suit les variations hebdomadaires des tarifs du transport maritime demeure ainsi de 76 % inférieur à son record de 2005. Les facteurs d'explication sont multiples : repli de la Chine, moins tournée vers les exportations et plus centrée sur son marché intérieur, part de marché des conteneurs qui semble avoir atteint son plafond – la majorité des marchandises susceptibles d'être mises en boîte le sont déjà –, mais des motifs plus structurels, tenant à l'arrêt de la segmentation de la chaîne de valeur, semblent aussi à l'œuvre. Le mouvement de globalisation a en effet conduit à la mise en place d'un tissu productif constitué d'usines spécialisées et délocalisées qui butte aujourd'hui sur deux contraintes : le manque de réactivité quand une tendance nouvelle s'impose et le fait que les pays *low cost* le soient de moins en moins. L'écart de coûts de production se resserre entre pays émergents et développés. Ces derniers relocalisent, investissent dans une industrie 4.0 fondée sur des usines intelligentes, connectées, à même de les rapprocher des désirs toujours plus changeants et volatils de leurs clients. S'y ajoutera, à moyen terme, la montée en puissance des énergies renouvelables, par définition locales, qui ne sera pas sans répercussion sur le transport d'hydrocarbures. Le transport maritime ne disparaîtra pas mais sa part dans les échanges risque, à long terme, de reculer.

Des équilibres fragiles

Concernant les ressources, la problématique n'est pas la même mais l'hypothèque est identique. Si elles ouvrent des perspectives prometteuses, l'équilibre entre leur exploitation et leur préservation reste à trouver. Le secteur de la pêche nous offre de ce point de vue un recul intéressant. Après une pratique longtemps débridée, les acteurs s'efforcent de tendre vers une exploitation plus raisonnée des stocks mais l'équilibre demeure précaire et les défis semblent encore devant nous. La croissance démographique mondiale annonce celle des besoins alimentaires, besoins qui ne sont pas sans attiser les tensions internationales. La guerre de la morue entre le Royaume-Uni et l'Islande ou les frictions entre la France et le Brésil à propos de la langouste sont là pour nous rappeler que ce type d'affrontement n'a rien d'incongru et les tensions récurrentes entre pays riverains de la mer de Chine s'inscrivent aussi dans ce cadre : hydrocarbures comme ressources halieutiques en tissent l'arrière-plan.

Guerre de la morue, de la langouste…

La guerre de la morue oppose principalement l'Islande, désireuse de préserver ses ressources halieutiques, et le Royaume-Uni, soucieux de protéger les intérêts de ses pêcheurs. Entre les années 1950 et 1970, Reykjavik étend à plusieurs reprises sa zone de pêche – 4, 50 puis 200 nautiques –, interdisant aux pêcheurs étrangers de pratiquer leur activité dans cet espace. La Grande-Bretagne envoie ses forces navales protéger les navires de ses ressortissants désireux d'y pratiquer la pêche. L'opposition entre la France et le Brésil au début des années 1960 repose sur les mêmes ressorts et le même scénario : le Brésil interdit unilatéralement la pêche à la langouste dans des zones situées au-delà de sa mer territoriale et la France mobilise ses forces navales pour protéger le droit de ses pêcheurs.

Nouvelles ressources et nouveaux usages peuvent également alimenter les rivalités à venir. Les minerais suscitent de nos jours l'intérêt des nations qui comptent, chacune étant consciente qu'ils sont indispensables au maintien de notre mode de développement. Un mécanisme de répartition des bénéfices tirés de cette exploitation entre les différents pays du globe est prévu dans le cadre de l'Autorité internationale des fonds marins. Reste à voir comment il fonctionnera lorsqu'il sera activé. Il sera sans doute nécessaire de l'étendre à l'exploitation d'autres types de ressources marines, faune et flore au premier chef. C'est tout l'enjeu des travaux actuellement engagés à l'Onu sur ce point, le fameux processus *BBNJ (Biodiversity Beyond National Jurisdiction*) : des convergences apparaissent mais les désaccords demeurent, l'avancée de la négociation étant un bon indicateur du désir des nations de coopérer ou de jouer la carte du chacun pour soi. Car la question de l'exploitation des ressources tient beaucoup au « comment » : tout le monde est d'accord sur la nécessité d'en tirer parti, on s'y prépare, mais la façon de la réaliser – dans un cadre partagé ou à la façon d'une ruée vers l'or – reste encore à écrire. Et cette page blanche sera d'autant plus délicate à remplir que le jeu des acteurs en mer s'est profondément transformé : la Convention des Nations unies sur le droit de la mer, pensée et rédigée dans un contexte d'États forts, est aujourd'hui bousculée par des intervenants privés – firmes multinationales comme ONG –, des États émergents qui veulent compter tandis que d'autres sont déliquescents – il suffit de songer à la Somalie. Si on y ajoute l'équilibre à trouver entre les objectifs de développement durable et la nécessaire protection des océans d'une part, et l'impératif tout aussi décisif de les exploiter pour assurer un avenir à l'humanité en croissance d'autre part, la mécanique retenue sera nécessairement complexe et relèvera plus d'un travail d'orfèvre que d'une solution standardisée.

La question du « comment » se pose aussi au sujet des abysses. Les grandes profondeurs sur lesquelles reposent nos fameuses ressources minérales forment une sorte de sanctuaire encore largement inviolé dont nous ne savons que très peu de chose. Nombre de spécimens de leur faune et de leur flore sont encore à découvrir et nous courons le risque, en nous « ruant » vers ces fonds marins sans discernement, d'en faire disparaître une bonne partie avant même d'en avoir eu connaissance. Or l'enjeu n'est pas mince, certains scientifiques espérant y trouver les quelques organismes unicellulaires ayant permis la naissance de la vie, il y a près de trois milliards d'années, nos origines en quelque sorte... Et s'il était là l'eldorado maritime ?

Cyrille P. Coutansais,
directeur de recherche du CESM

Bibliographie et sitothèque

- **Jean-Marie Biette,**
  La mer est l'avenir de la France, Paris, L'Archipel, 2015.

- **Christian Buchet,**
  Cap sur l'avenir. À contre-courant, les raisons d'être optimistes, Paris, Éditions du moment, 2013.
  Le livre noir de la mer. Piraterie, migrants, narcotrafic, marées blanches, enquête sur une tragédie, Paris, Éditions du moment, 2015.

- **Cyrille P. Coutansais (dir.),**
  La Terre est bleue, Paris, Les Arènes, 2015.

- **Cyrille P. Coutansais,**
  L'empire des mers. Atlas historique de la France maritime, Paris, CNRS Éditions, 2015.

- **Agathe Euzen, Françoise Gaill, Denis Lacroix, Philippe Cury (dir.),**
  L'océan à découvert, Paris, CNRS Éditions, 2017.

- **Infomer,**
  Atlas économique de la mer 2017.

- **Anaïs Joseph,**
  Un océan de promesses, Paris, Quae, 2017.

- **Pierre Royer,**
  Géopolitique des mers et des océans. Qui tient la mer tient le monde, 2e éd., Paris, PUF, 2014.

- **Site du Centre d'études stratégiques de la Marine,**
  http://cesm.marine.defense.gouv.fr

- **Site du Cluster maritime français,**
  http://www.cluster-maritime.fr

- **Site de l'Institut supérieur d'économie maritime,**
  http://www.isemar.fr

- **L'hebdomadaire *Le marin*,**
  http://www.lemarin.fr
- ***Marines et océans*, revue trimestrielle,**
  http://marine-oceans.com/
- ***Mer et marine*, site d'actualité maritime,**
  http://www.meretmarine.com/

Collection Doc' en poche

SÉRIE « ENTREZ DANS L'ACTU »

1. Parlons nucléaire en 30 questions (2e édition septembre 2015)
de Paul Reuss

2. Parlons impôts en 30 questions (2e édition mars 2013)
de Jean-Marie Monnier

3. Parlons immigration en 30 questions (2e édition mars 2016)
de François Héran

4. France 2012, les données clés du débat présidentiel
des rédacteurs de la Documentation française

5. Le président de la République en 30 questions (2e édition février 2017)
d'Isabelle Flahault et Philippe Tronquoy

6. Parlons sécurité en 30 questions
d'Éric Heilmann

7. Parlons mondialisation en 30 questions (2e édition octobre 2017)
d'Eddy Fougier

8. Parlons école en 30 questions
de Georges Felouzis

9. L'Assemblée nationale en 30 questions
de Bernard Accoyer

10. Parlons Europe en 30 questions (2e édition octobre 2014)
de David Siritzky

13. Parlons dette en 30 questions (2e édition octobre 2017)
de Jean-Marie Monnier

14. Parlons jeunesse en 30 questions
d'Olivier Galland

21. Parlons justice en 30 questions
d'Agnès Martinel et Romain Victor

22. France 2014, les données clés
des rédacteurs de la Documentation française

25. Parlons gaz de schiste en 30 questions
de Pierre-René Bauquis

26. Parlons banque en 30 questions
de Jézabel Couppey-Soubeyran et Christophe Nijdam

30. France 2015, les données clés
des rédacteurs de la Documentation française

35. Parlons prison en 30 questions
de Sarah Dindo

40. Parlons climat en 30 questions
de Christophe Cassou et Valérie Masson-Delmotte

42. France 2016, les données clés
des rédacteurs de la Documentation française

49. Parlons laïcité en 30 questions
de Jean Baubérot et Micheline Milot

53. France 2017, les données clés du débat présidentiel
des rédacteurs de la Documentation française

SÉRIE « PLACE AU DÉBAT »

11. Retraites : quelle nouvelle réforme?
d'Antoine Rémond

12. La France, bonne élève du développement durable?
de Robin Degron

15. L'industrie française décroche-t-elle?
de Pierre-Noël Giraud et Thierry Weil

16. Tous en classes moyennes?
de Serge Bosc

23. Crise ou changement de modèle?
d'Élie Cohen

24. Réinventer la famille?
de Stéphanie Gargoullaud et Bénédicte Vassallo

27. Parents-enfants : vers une nouvelle filiation?
de Claire Neirinck et Martine Gross

28. Vers la fin des librairies?
de Vincent Chabault

31. Des pays toujours émergents?
de Pierre Salama

32. La santé pour tous?
de Dominique Polton

38. Faut-il suivre le modèle allemand?
de Christophe Blot, Odile Chagny et Sabine Le Bayon

39. Politique culturelle, fin de partie ou nouvelle saison?
de Françoise Benhamou

43. Revenir au service public?
de Gilles Jeannot et Olivier Coutard

44. Une justice toujours spécialisée pour les mineurs?
de Dominique Youf

48. Faut-il attendre la croissance?
de Florence Jany-Catrice et Dominique Méda

50. La mort est-elle un droit?
de Véronique Fournier

51. Le robot est-il l'avenir de l'homme?
de Rodolphe Gelin et Olivier Guilhem

54. Russie : vers une nouvelle guerre froide?
sous la direction de Jean-Robert Raviot

56. Quel avenir pour la fonction publique?
de Luc Rouban

58. La mer, nouvel eldorado ?
sous la direction de Cyrille P. Coutansais et Claire de Marignan

59. Exclusion : vers zéro SDF ?
de Julien Damon

SÉRIE « REGARD D'EXPERT »

18. Les politiques de l'éducation en France (2e édition novembre 2017)
d'Antoine Prost et Lydie Heurdier

19. La face cachée de Harvard
de Stéphanie Grousset-Charrière

20. La criminalité en France
de Christophe Soullez

29. La guerre au XXe siècle
de Stéphane Audoin-Rouzeau, Raphaëlle Branche, Anne Duménil, Pierre Grosser et Sylvie Thénault

33. Quelle politique pour la culture ? Florilège des débats
sous la direction de Philippe Poirrier

34. Une jeunesse différente ?
sous la direction d'Olivier Galland et Bernard Roudet

36. La République territoriale
de Pierre Sadran

37. Les monothéismes d'hier à aujourd'hui
de Régine Azria, Dominique Borne, Pascal Buresi, Sonia Fellous et Anna Van den Kerchove

41. Environnement et inégalités sociales
sous la direction de Floran Augagneur et Jeanne Fagnani

45. Les grands textes internationaux des droits de l'homme
de Emmanuel Decaux et Noémie Bienvenu

46. Regards sur les États-Unis
de Cynthia Ghorra-Gobin, Guillaume Poiret, Jacques Portes, Marie-Jeanne Rossignol

47. Les politiques de la culture en France
de Philippe Poirrier

55. La cour d'assises
sous la direction de Denis Salas

57. Regards sur la France
de Dominique Borne, Olivier Feiertag, Pascale Goetschel, Magali Reghezza-Zitt

Imprimerie de la Direction de l'information légale et administrative
N° 663170180-001017 – Dépôt légal : octobre 2017

IMPRIM'VERT®